westermann

Rechnen bis 10

Erarbeitet von

Judith Beerbaum, Anja Göttlicher,
Sarah Pfleger, Britta Wettels
und Stephanie Zippel

in Zusammenarbeit mit der
Westermann-Grundschulredaktion

Unter Beratung von

Henrieke Peter, Debbie Stier,
Jutta Telschow und Britta Wagenhuber

Illustriert von

Angelika Citak, Heike Heimrich,
Gabie Hilgert und Karoline Kehr

Flex und Flo

Mathematik

1

Zeichenerklärung

Male/Zeichne mit der entsprechenden Farbe.

Streiche durch, was nicht passt.

Ordne zu.

Kreise ein.

Kreuze an.

Benutze Material.

Bearbeite die Aufgabe in Partnerarbeit.

Addieren heißt plus rechnen. — Hier steht ein neues Fachwort.

Grundaufgabe 2 + 2 = 4, also 32 + 2 = 34 — Hier steht ein neues Fachwort oder ein neues Beispiel, wie du über Mathematik sprechen kannst.

R1 — Verweis auf passenden Diagnosetest im Flex und Flo Diagnoseheft 1 (Ausgabe 2021)

1 A-D — Verweis auf passende herausfordernde Aufgaben in der Flex und Flo Entdeckerkartei 1 (Ausgabe 2021)

S. 4 — Verweis auf passende Übungen auf den angegebenen Seiten im Flex und Flo Trainingsheft Interaktiv 1 (Ausgabe 2021)

Aufgabe aus dem Anforderungsbereich I
Reproduzieren: erfordert Grundwissen und das Ausführen von Routinetätigkeiten

Aufgabe aus dem Anforderungsbereich II
Zusammenhänge herstellen: erfordert das Erkennen und Nutzen von Zusammenhängen

Aufgabe aus dem Anforderungsbereich III
Verallgemeinern und Reflektieren: erfordert komplexe Tätigkeiten wie Strukturieren, Entwickeln von Strategien, Beurteilen und Verallgemeinern

Einführung von Fachwörtern oder Redemitteln
Eine Sammlung der im Heft eingeführten Fachwörter und Redemittel zum Nachschlagen findet sich auf der letzten Doppelseite und der Beilage „Fachwörter und Redemittel 1“.

Medienbildung und Mathematiklernen verbinden
Anregung zur Bearbeitung mathematischer Lerninhalte mit digitalen Werkzeugen

Tipp zur Verknüpfung der Themenhefte

Inhaltsverzeichnis

Das verrückte Klassenzimmer

Über das Bild sprechen.
Gemeinsam Fehler suchen.

Datum: ____________

Würfelbild und Menge

Datum: ______________

1

2

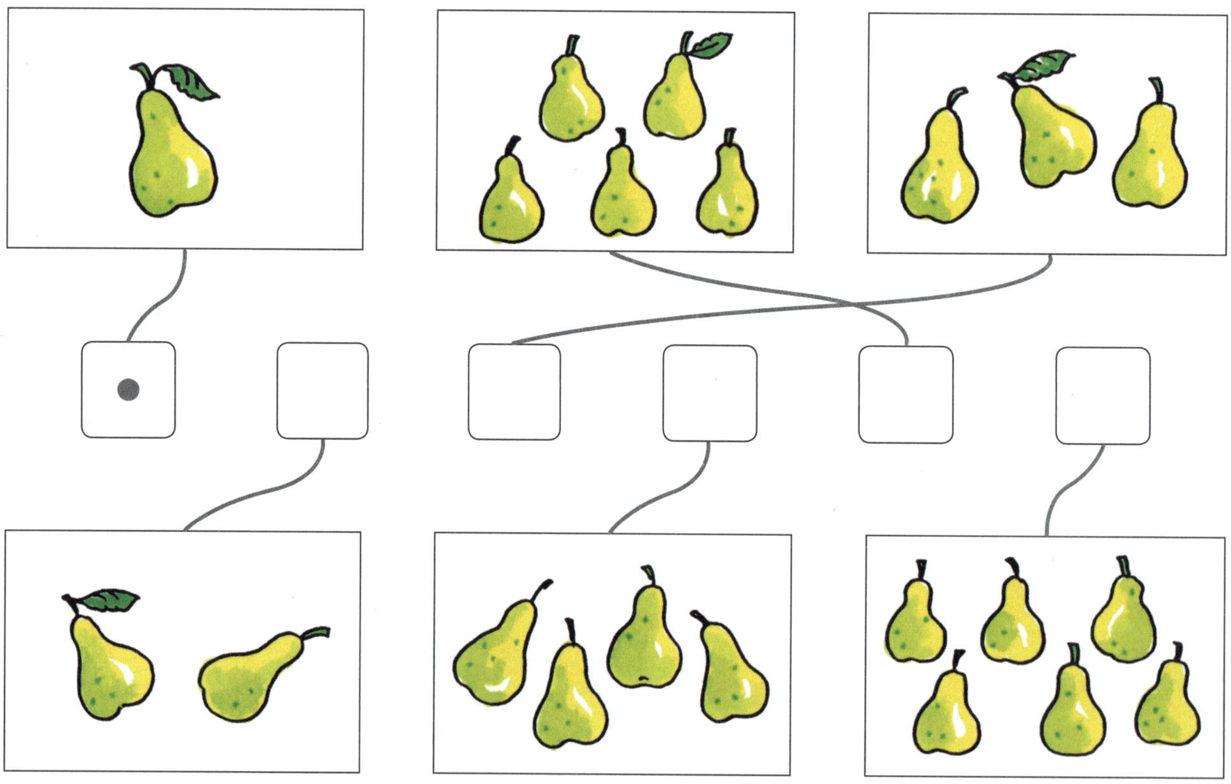

2 Passende Würfelbilder malen.

Würfelbild und Menge

Datum: ____________

1

2

3

1, 2 Entsprechende Anzahl an Formen malen.
3 Partnerarbeit: Erst würfeln, dann Würfelbild und Menge malen.

Datum: ____________

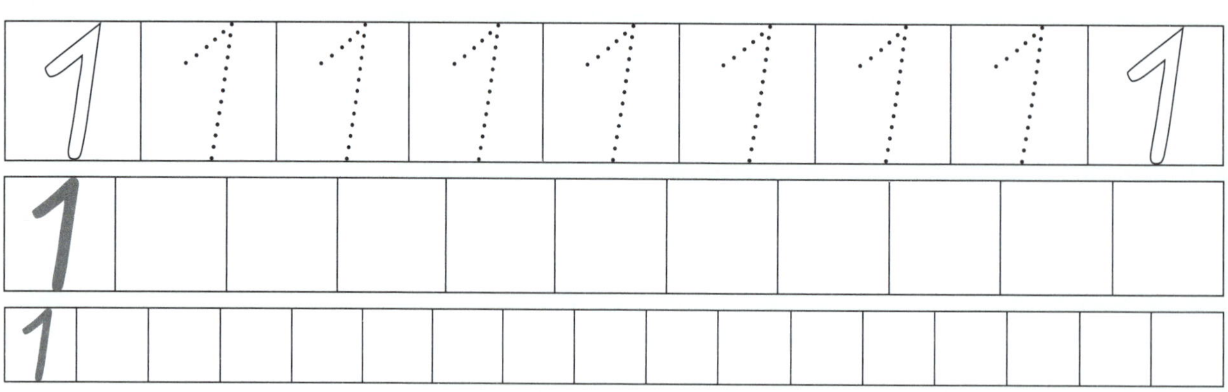

Ziffer mit verschiedenen Farben nachfahren.

Ziffernschreibkurs

Datum: ____________

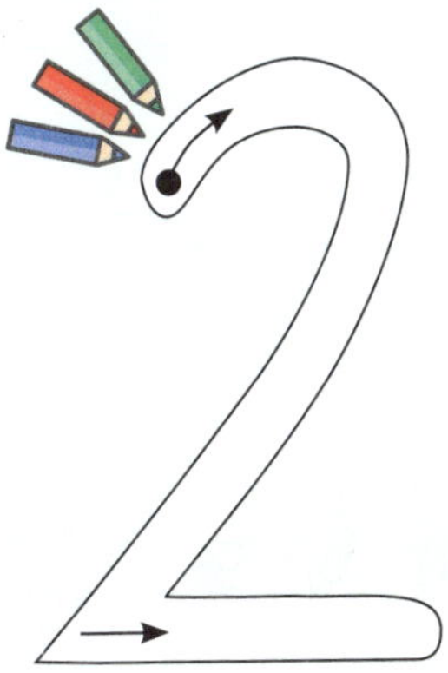

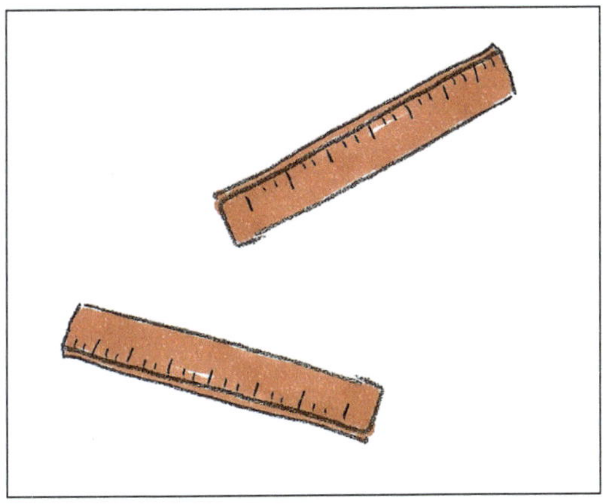

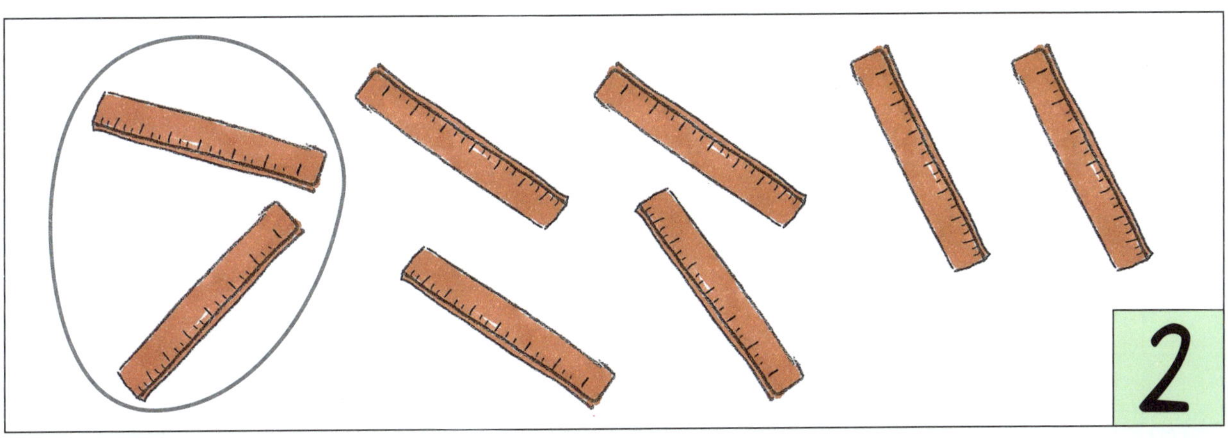

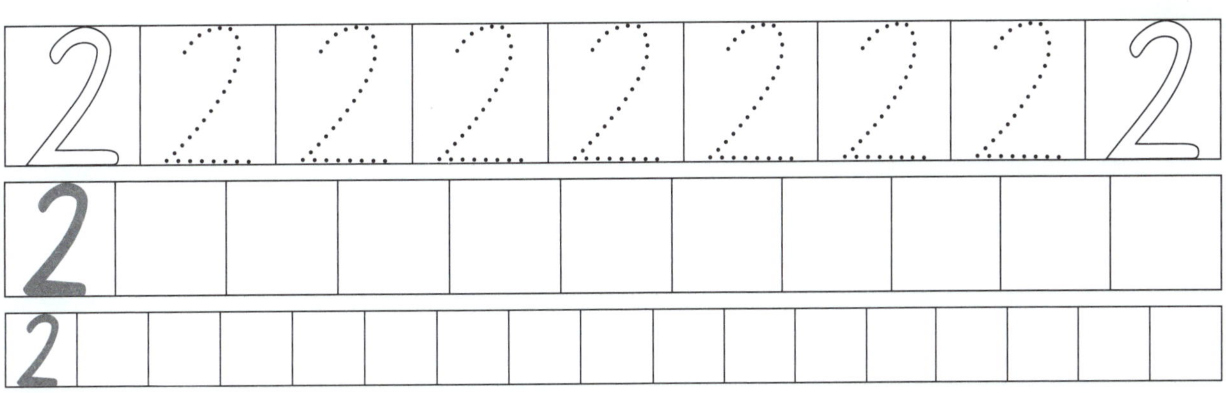

Ziffer mit verschiedenen Farben nachfahren.

Datum: ____________

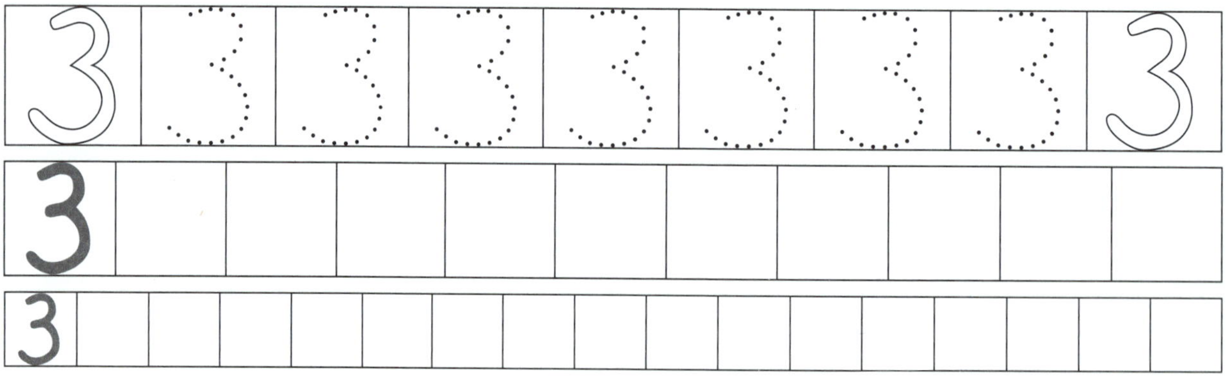

Ziffer mit verschiedenen Farben nachfahren.

Datum: ____________

1 1

2 2

3 3

1

1

2

2

3

3

1 2 3

3 2 1

1

2

3

1 2 3

3 2 1

2 3 1

S. 4

Datum: ____________

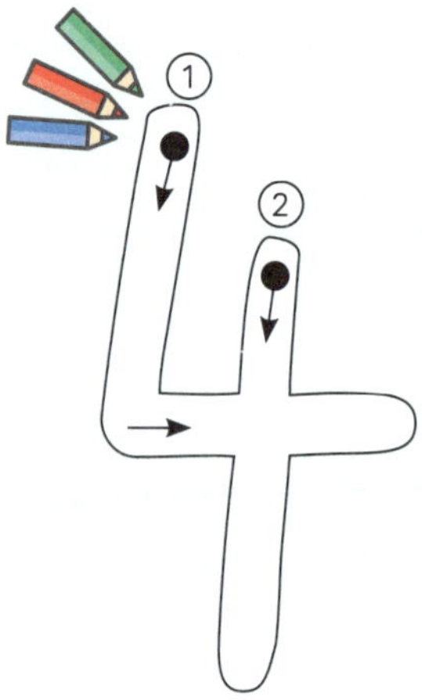

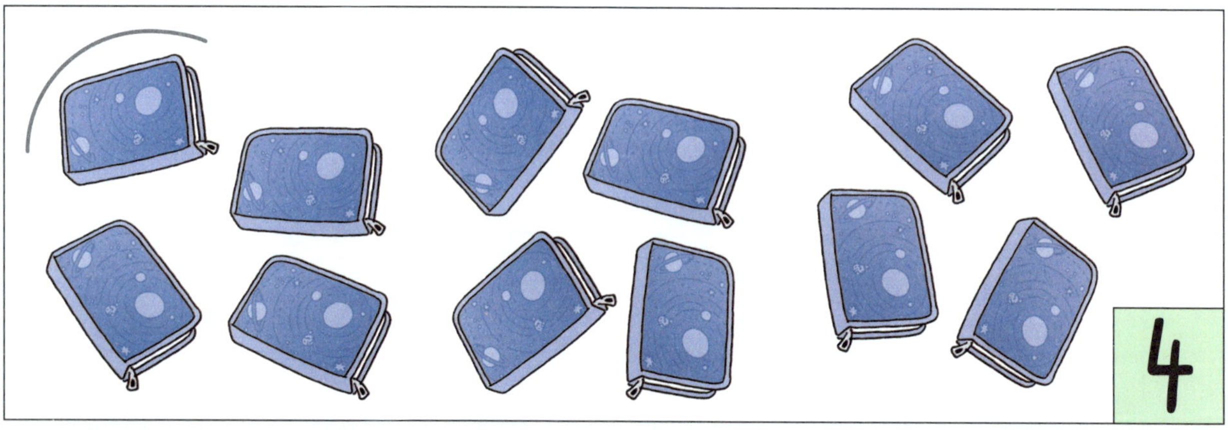

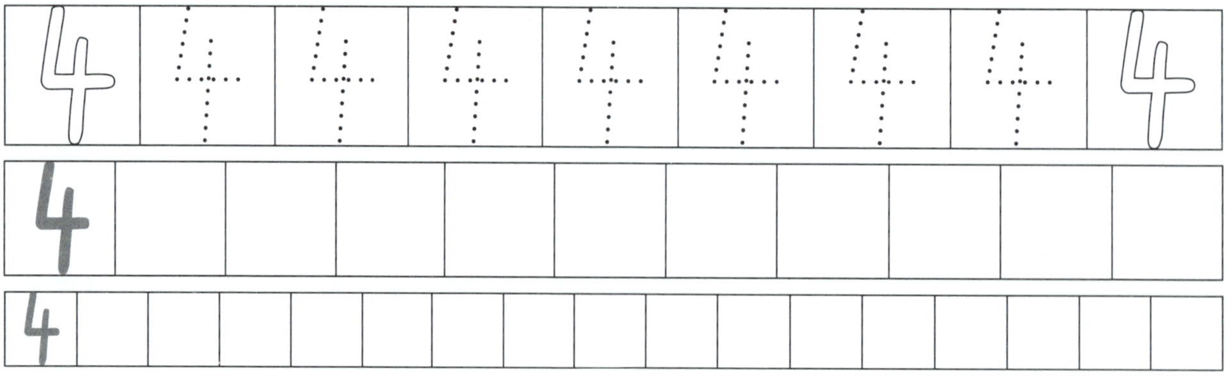

Ziffer mit verschiedenen Farben nachfahren.

Datum: ____________

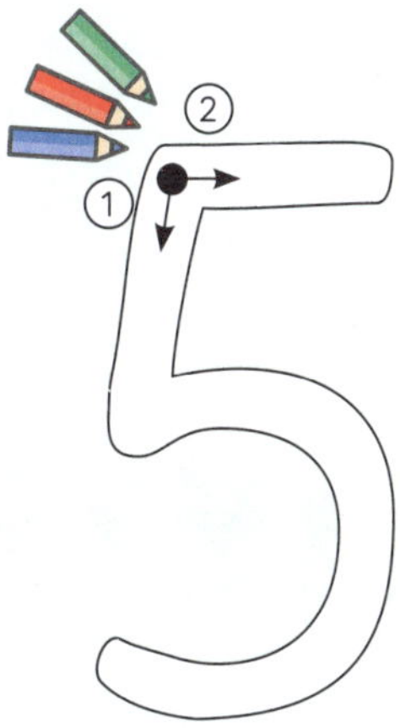

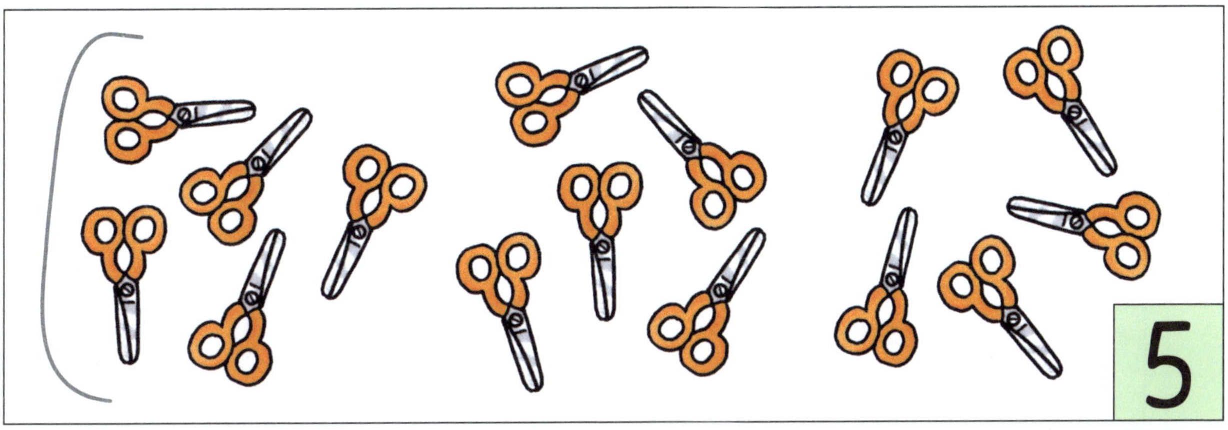

Ziffer mit verschiedenen Farben nachfahren.

Datum: ____________

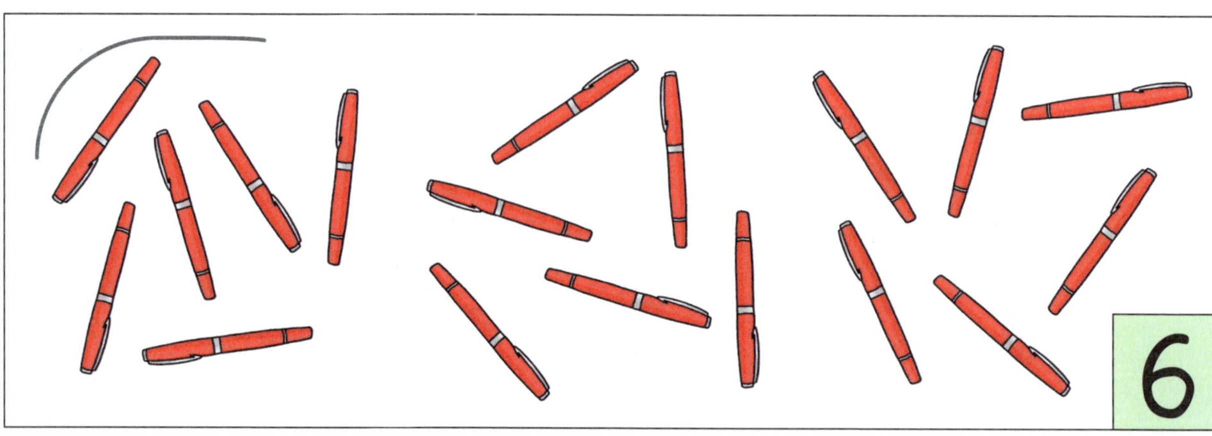

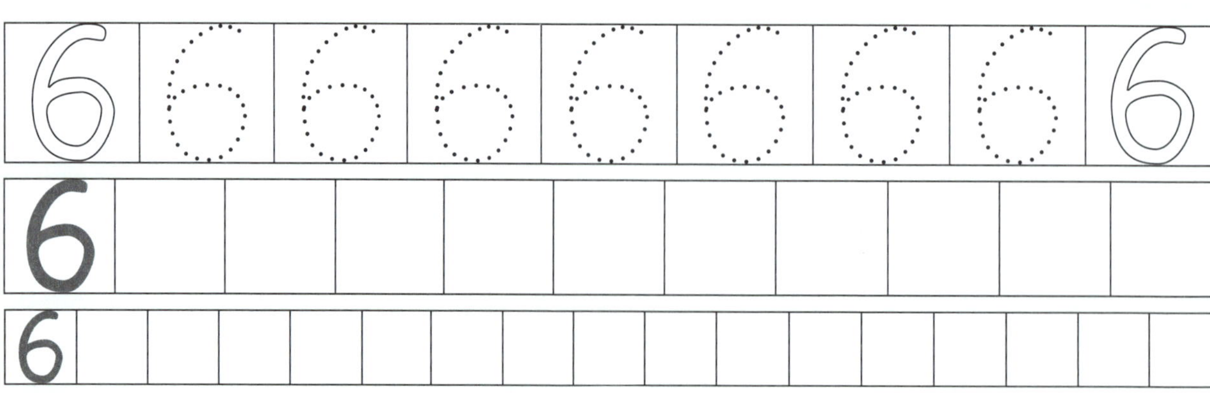

Ziffer mit verschiedenen Farben nachfahren.

Menge und Zahl

Datum: ____________

1

1 2 3 4 5 6

2

4

3

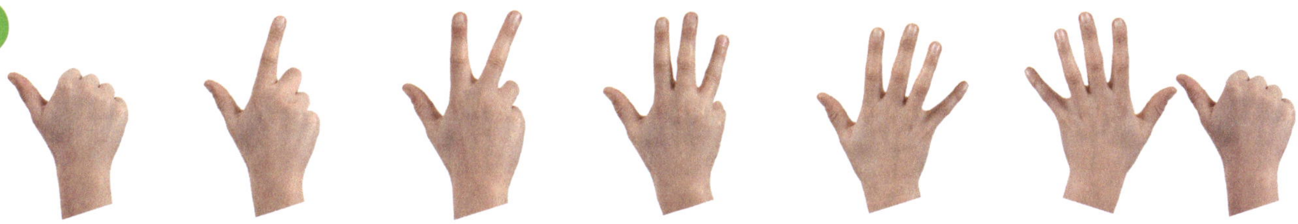

4

1
2
3
4
5
6
7

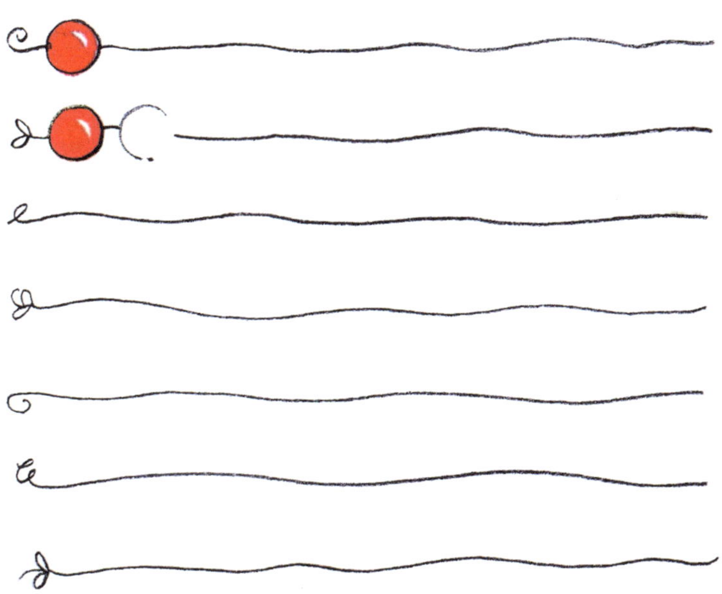

4 Perlen der Anzahl entsprechend malen.
Fotografie: Menge bis 6 strukturiert legen und fotografieren, präsentieren und Anzahlen bestimmen.

1 A-D

Strichlisten

Datum: ______________

1

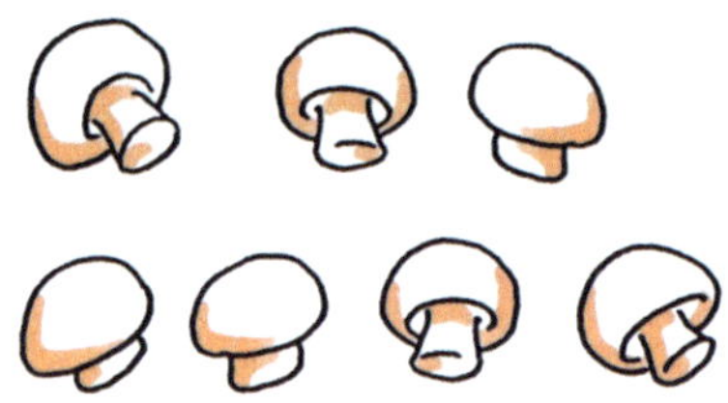

2

Datum: ______________

1

2

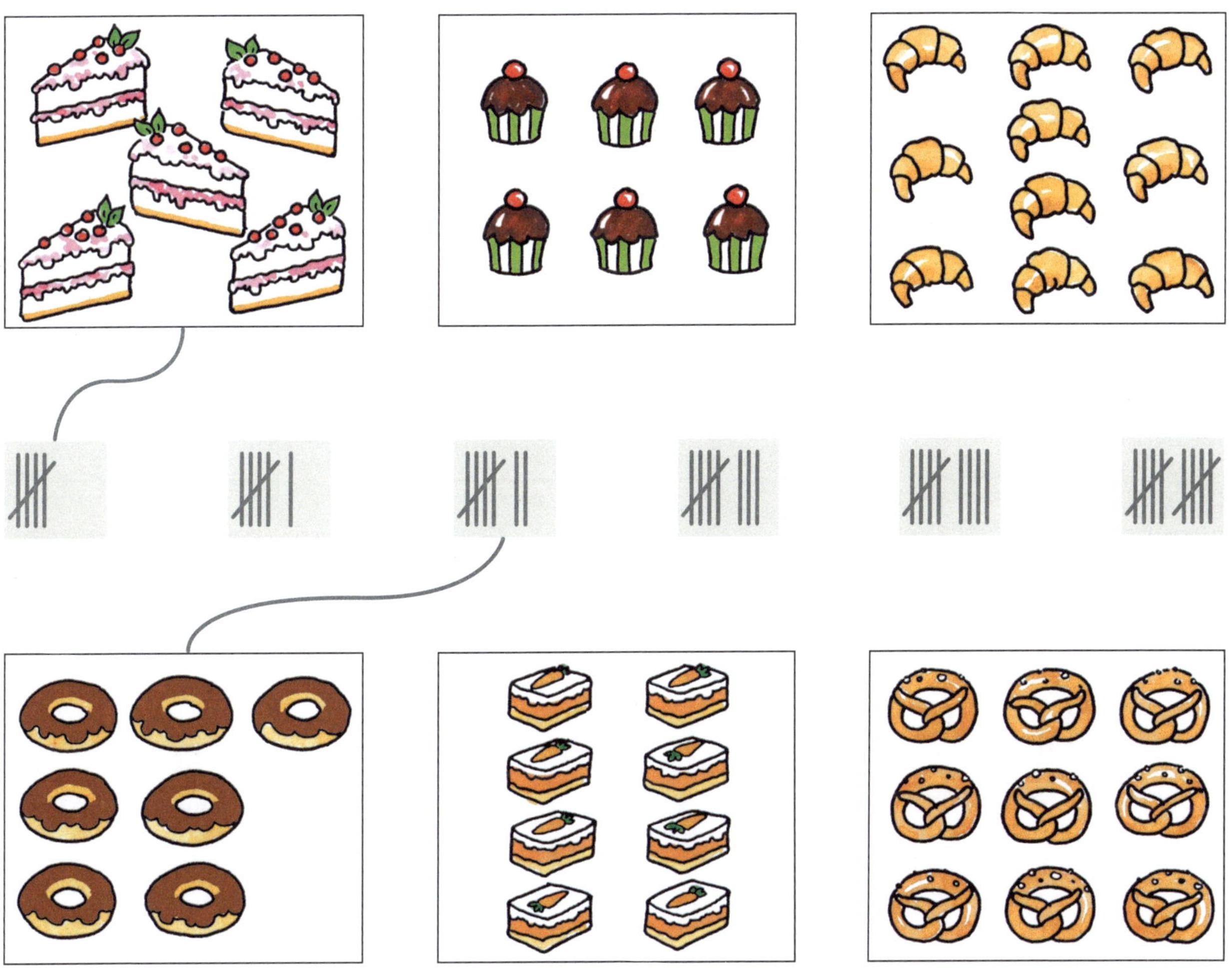

Datum: ____________

1

1	2	3	4	5	6
•	• •		• • • •		• • • • • •
|		|||		𝍸	

2

1	•	|

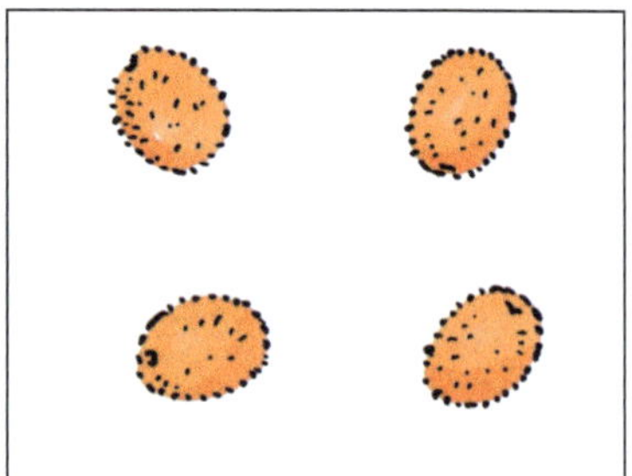

Datum: ____________

4 4

5 5

6 6

4

4

5

5

6

6

4 5 6

6 5 4

4

5

6

4 5 6

6 5 4

2 4 6

1 3 5

S. 5

Datum: ____________

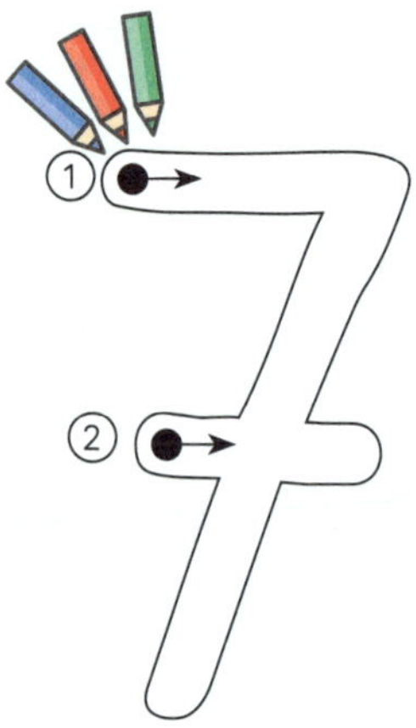

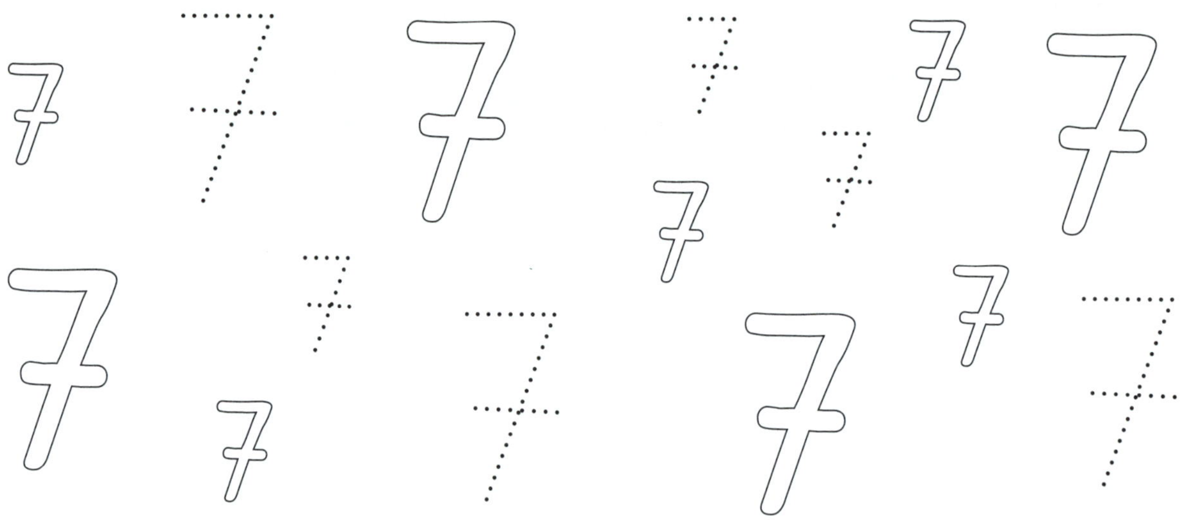

Ziffer mit verschiedenen Farben nachfahren.

Ziffernschreibkurs

Datum: ____________

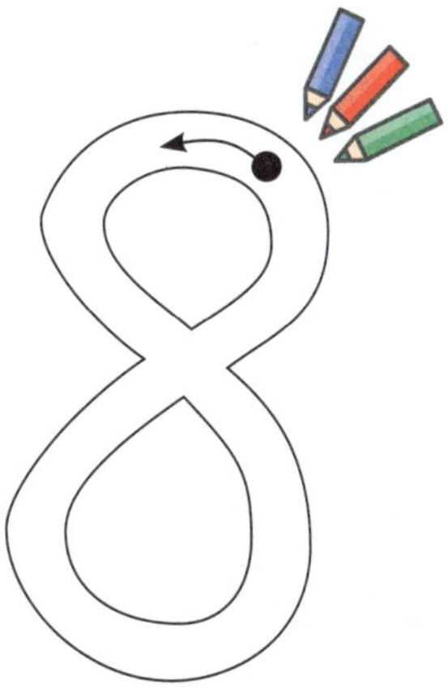

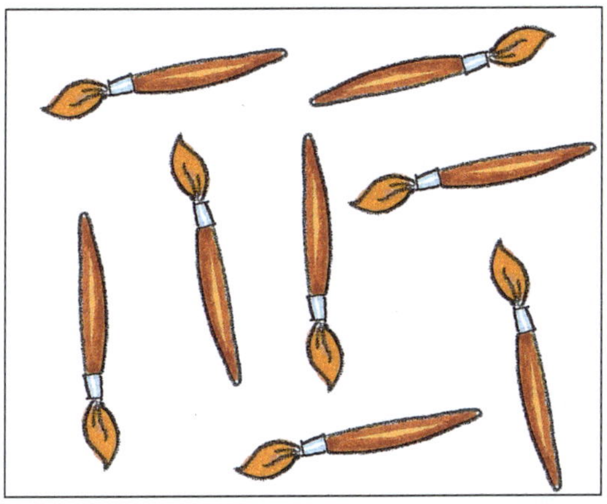

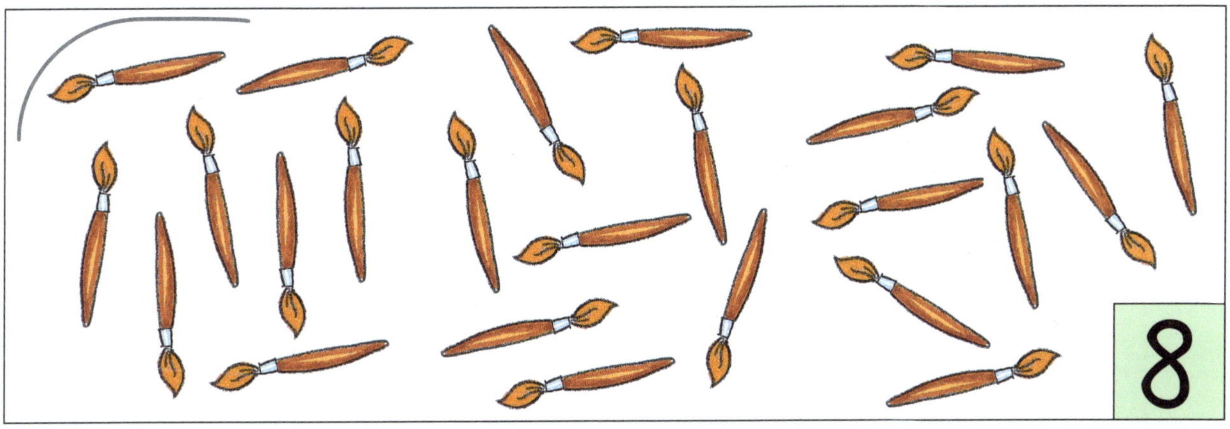

Ziffer mit verschiedenen Farben nachfahren.

Datum: ________________

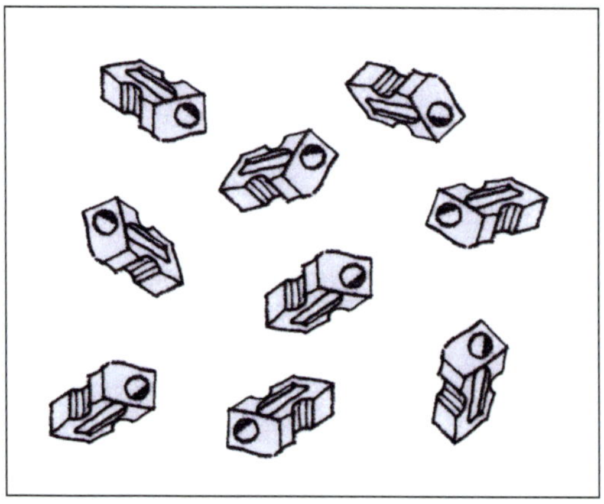

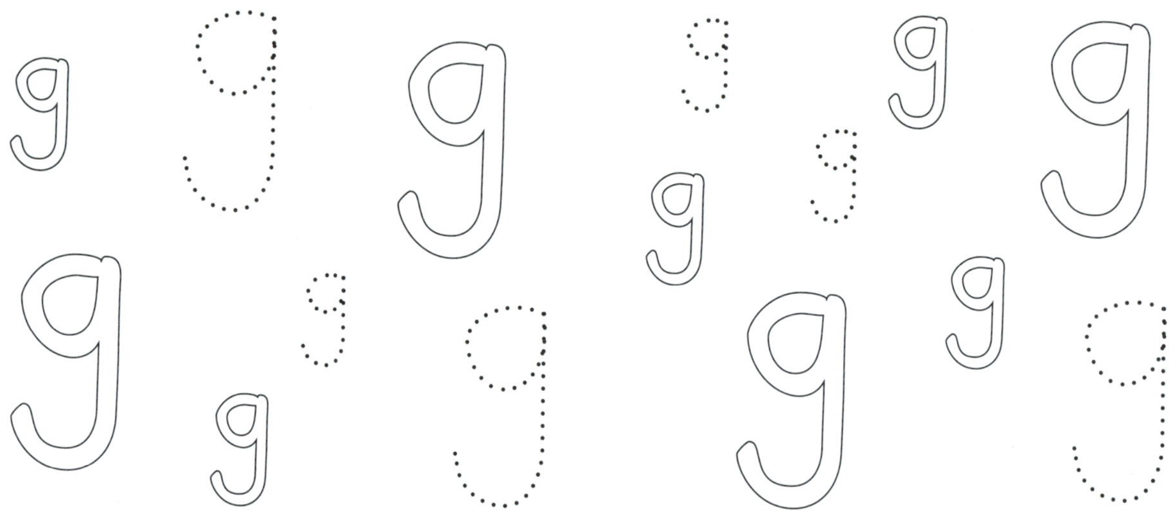

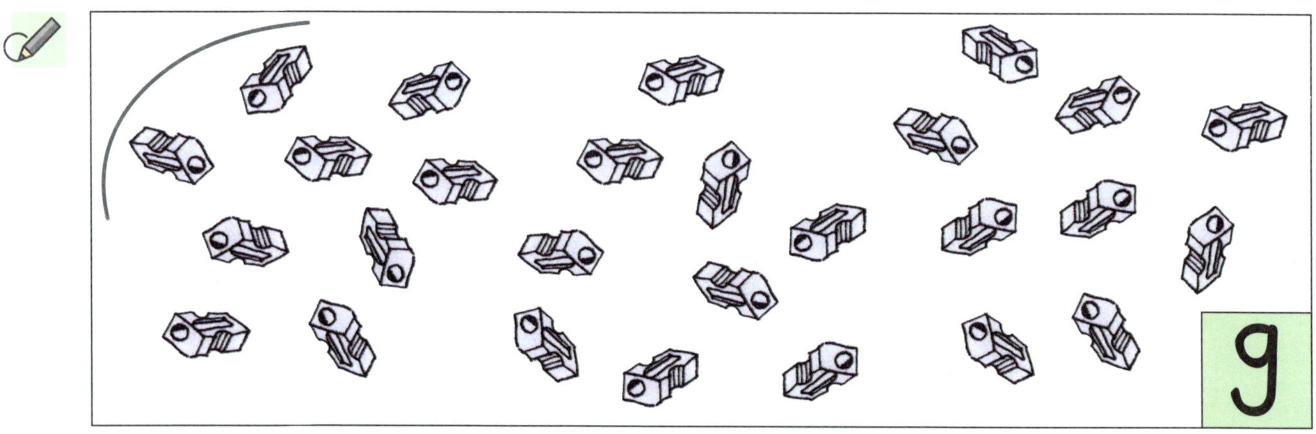

Ziffer mit verschiedenen Farben nachfahren.

Datum: ______________

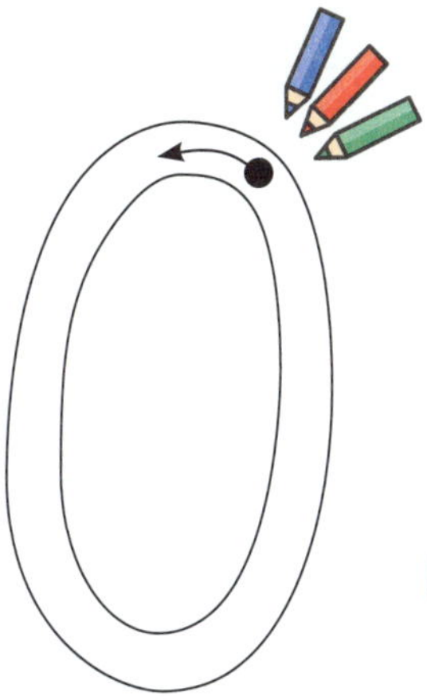

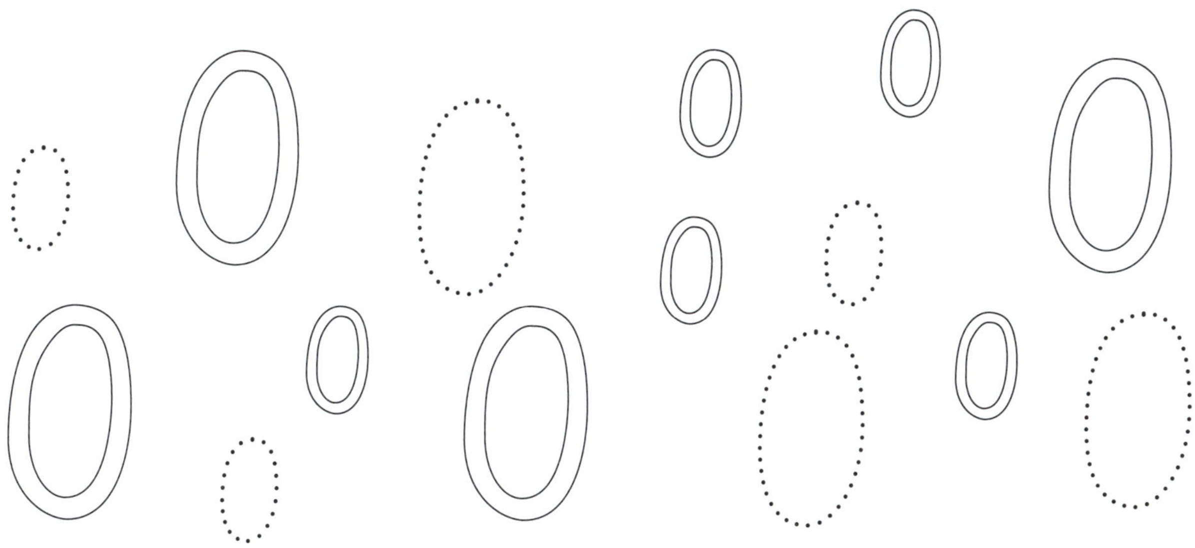

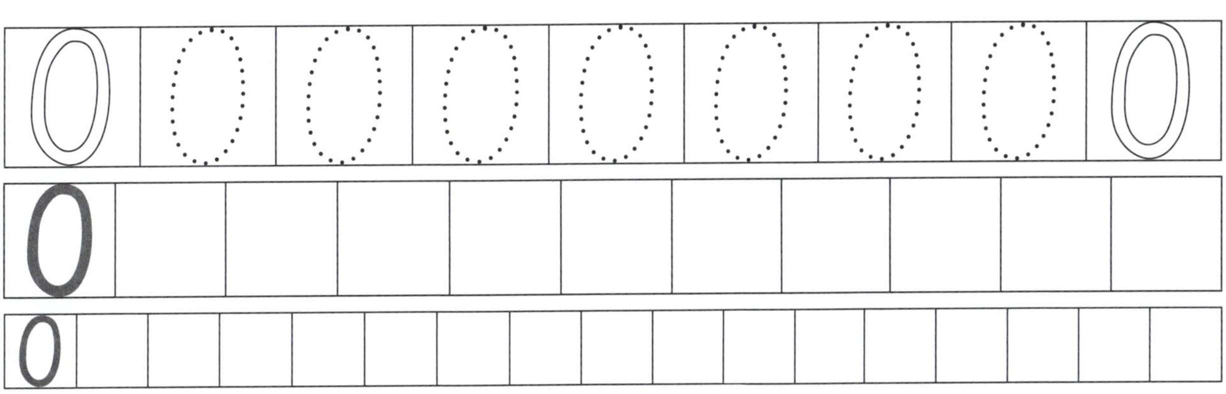

Ziffer mit verschiedenen Farben nachfahren.

Datum: ____________

7 7

8 8

9 9

10 10

7

7

8

8

9

9

0

10

789

879

987

10

S. 6-7

Anzahlen bestimmen

Datum: ______________

1

<table>
<tr><td></td><td></td><td></td><td></td><td></td></tr>
<tr><td>|||</td><td></td><td></td><td></td><td></td></tr>
</table>

3				

1 Tiere im Bild anmalen. Anzahl als Strichliste notieren und als Zahl schreiben.

Menge und Zahl

Datum: ____________

1

2 3 4 5 6 7 8 9

2

3 4 5 6 7 8 9 10 11

3

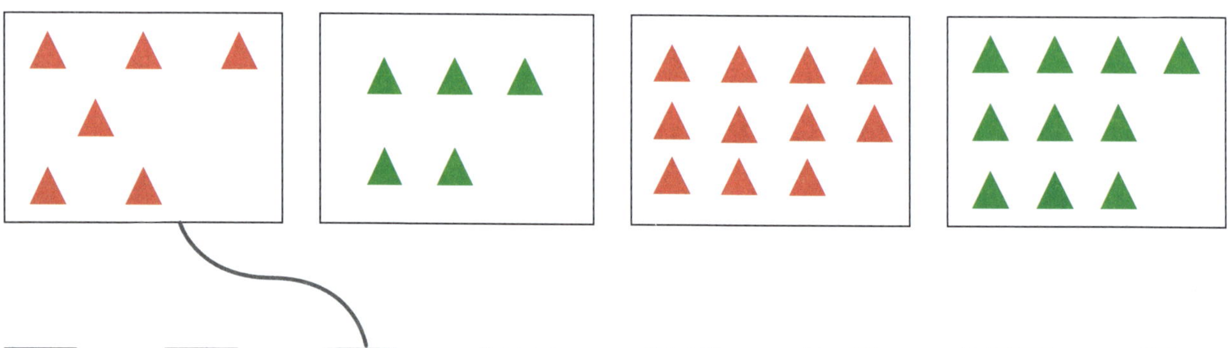

4 5 6 7 8 9 10 11

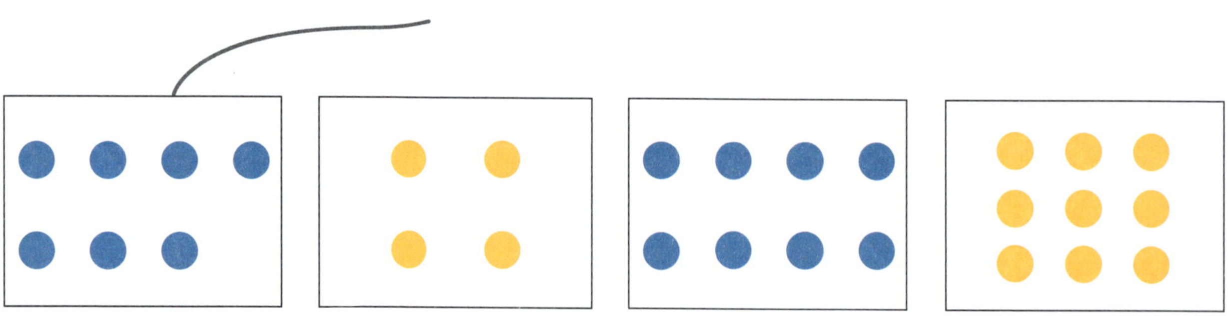

S. 8

1–3 Menge und Zahl verbinden.

Menge und Zahl

Datum: ____________

1

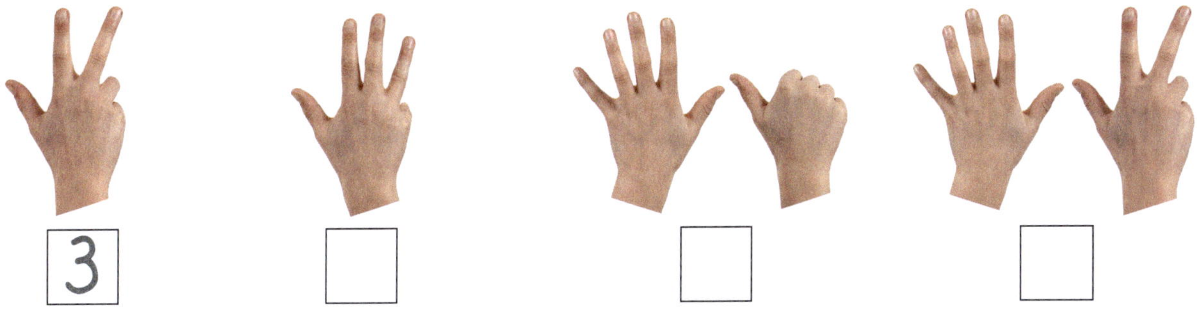

2

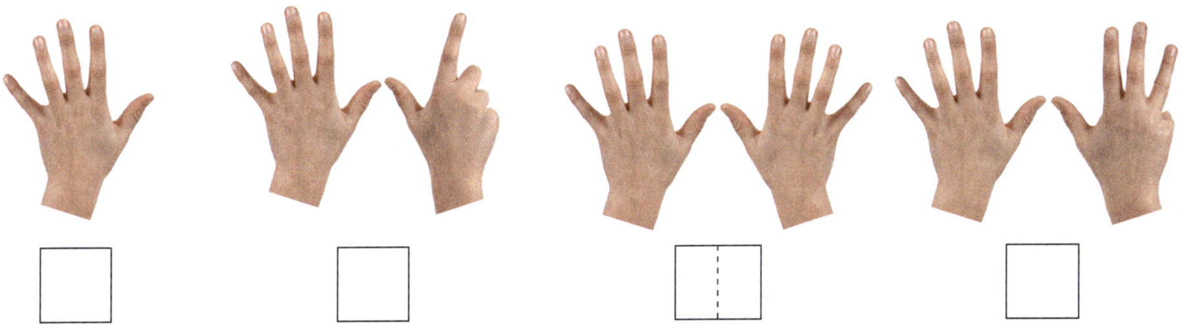

3

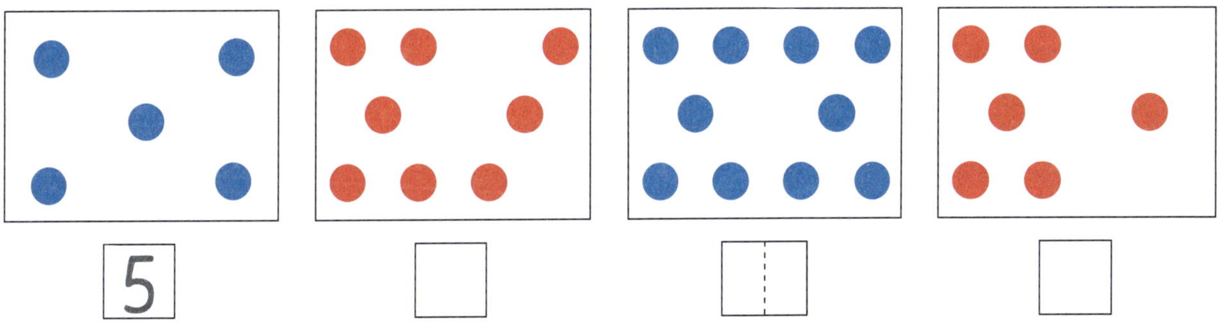

4

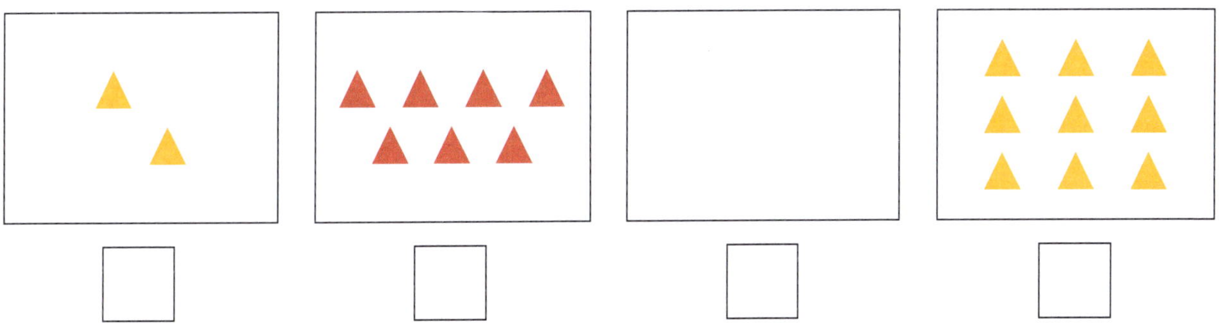

5

1–5 Zahlen schreiben.

Fotografie: Mengen bis 10 strukturiert legen und fotografieren, präsentieren und Anzahlen bestimmen.

S. 9-10

Rechenstreifen

Datum: ______________

1

2

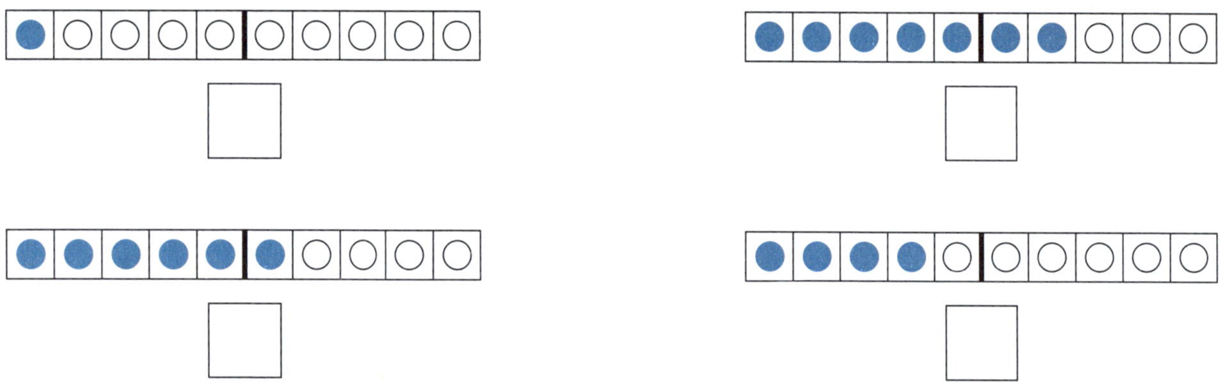

3

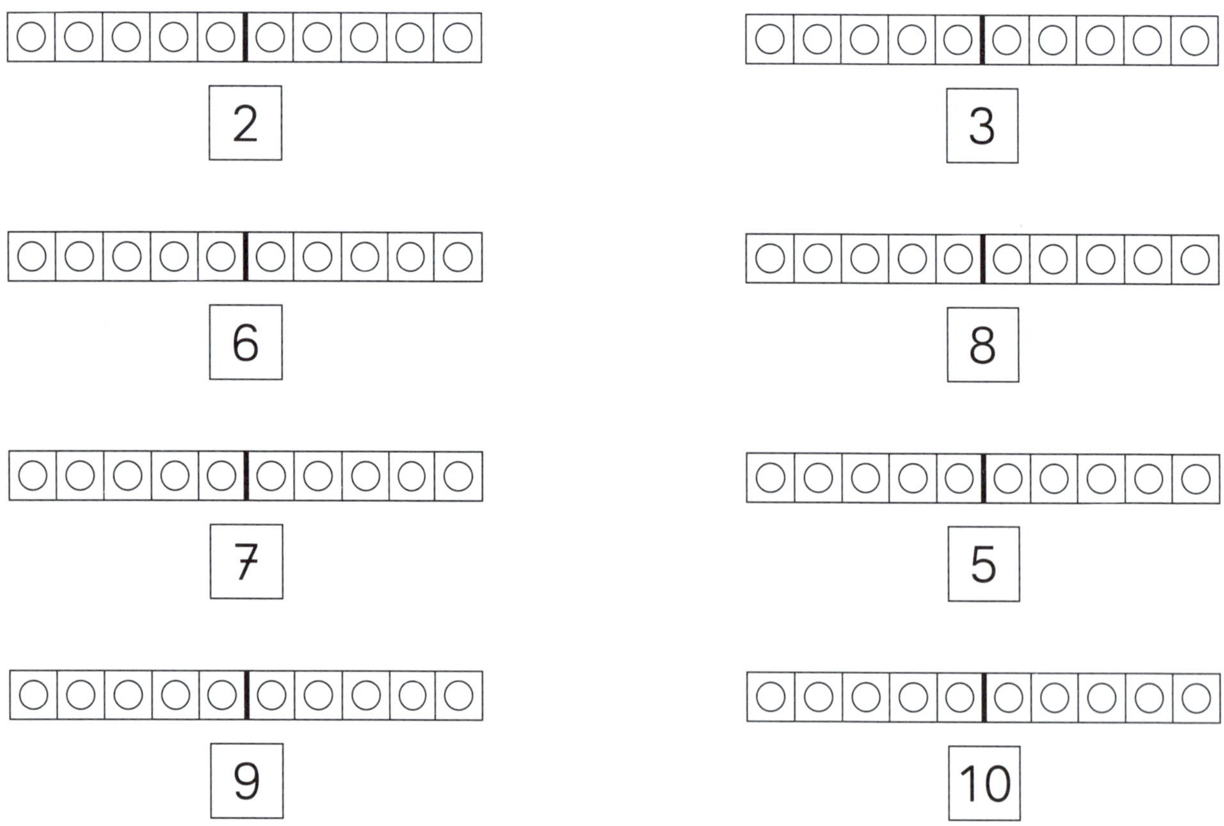

1 Rechenstreifen und passende Zahlenkarte verbinden. **2** Zahl schreiben.
3 Passende Anzahl malen.
Fotografie: Zahlen am Rechenstreifen legen und fotografieren, präsentieren und Anzahlen schnell auf einen Blick bestimmen.

S. 11 - 12

Datum: ____________

1

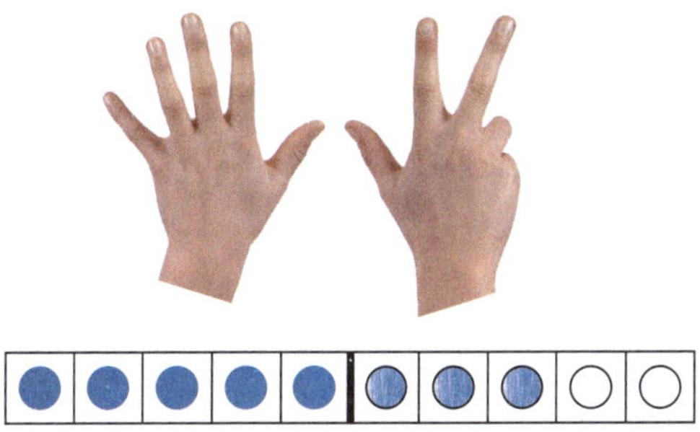

8

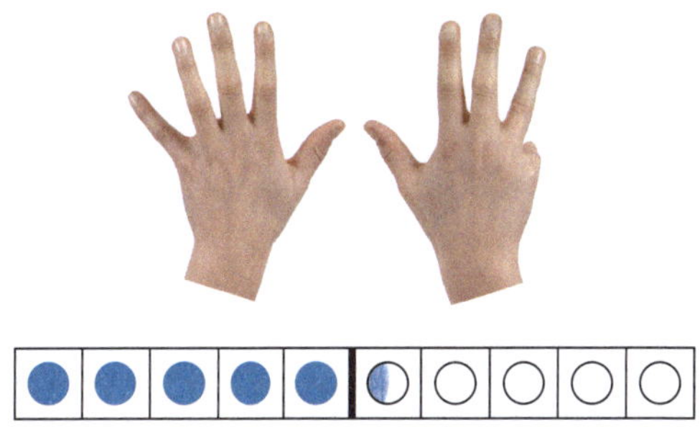

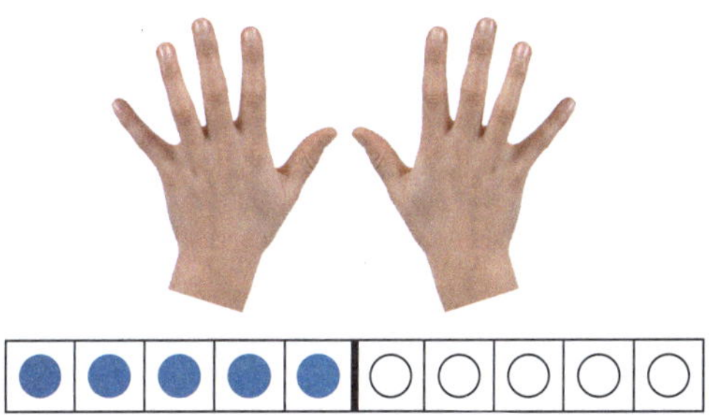

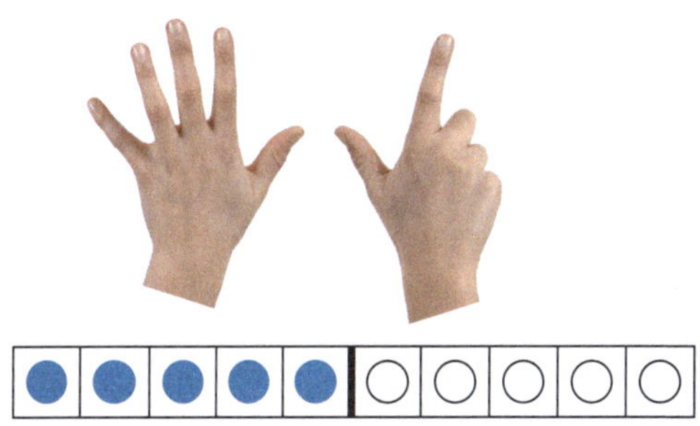

2

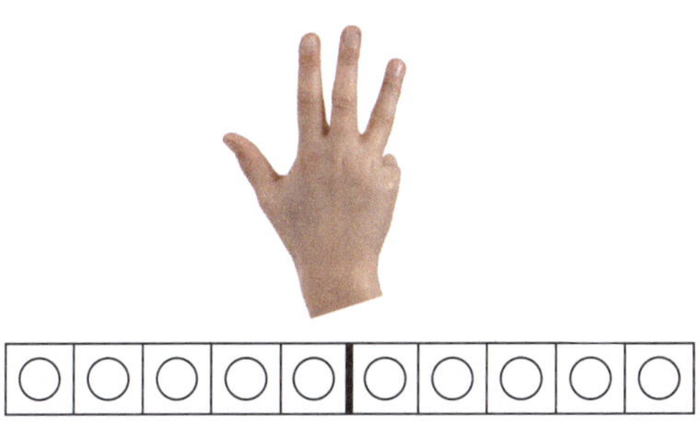

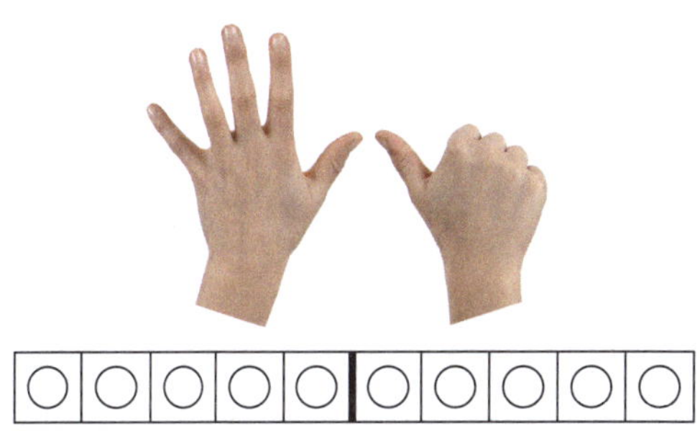

1 Ggf. den ersten Fünfer einkreisen.

Ergänzen und wegstreichen

Datum: ______________

1

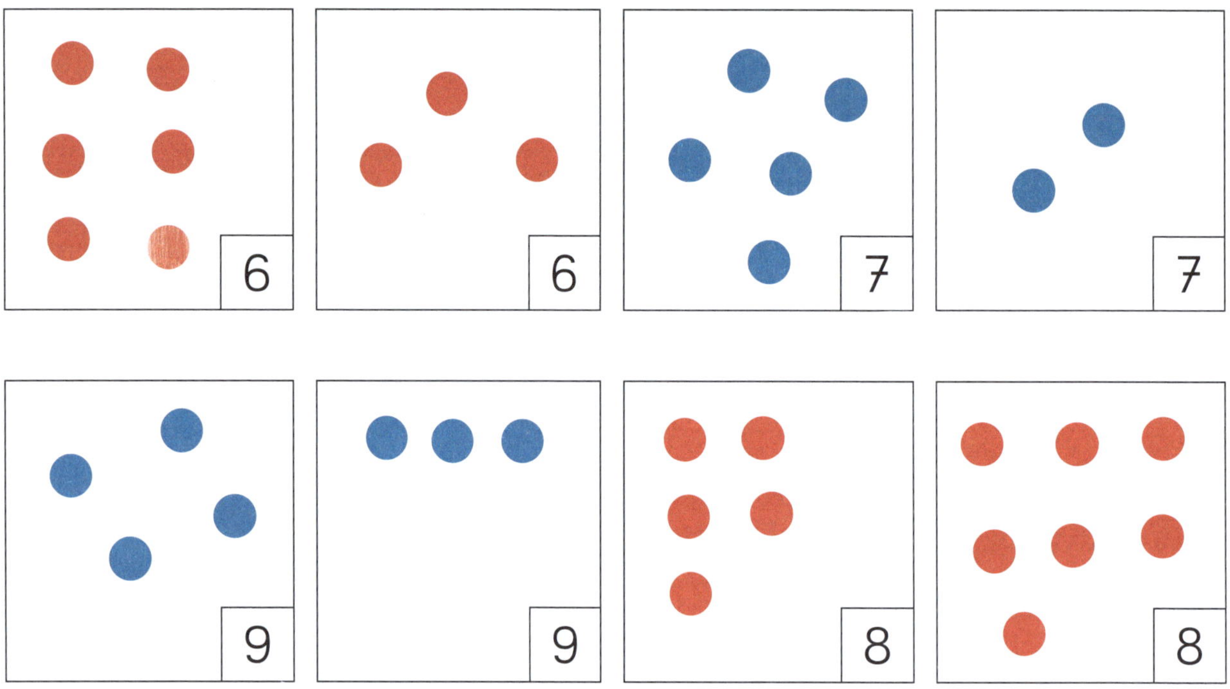

2

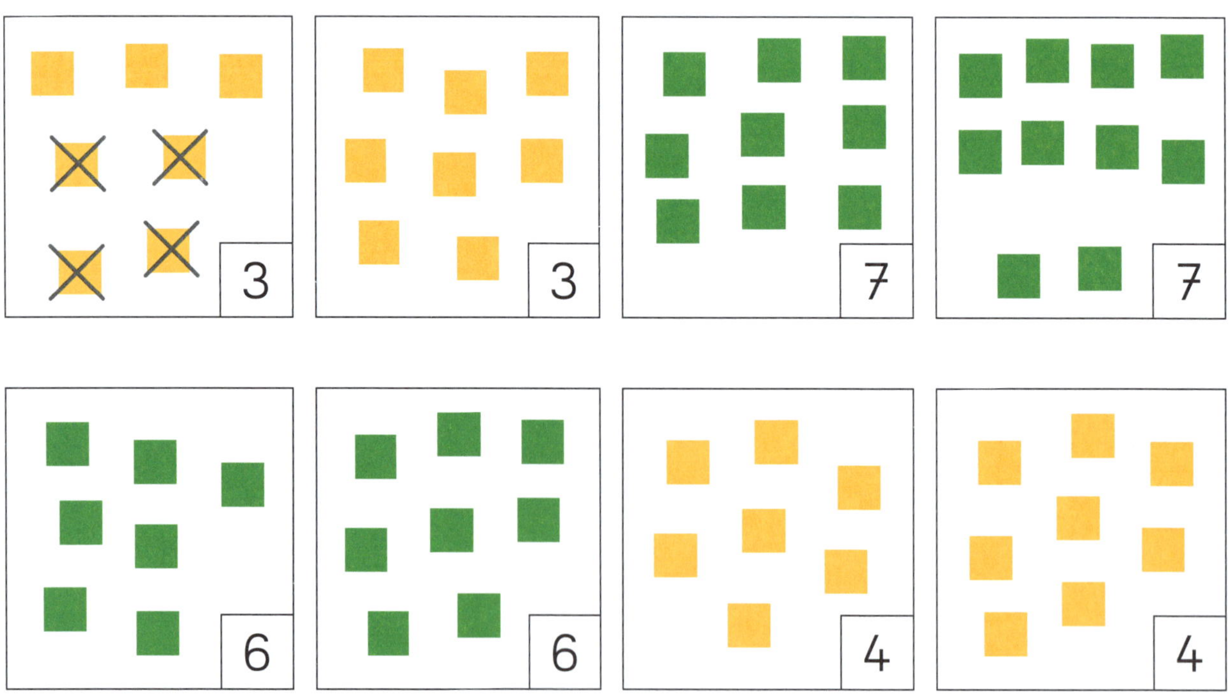

1 Plättchen ergänzen.
2 Quadrate wegstreichen.

Ergänzen oder wegstreichen

Datum: ______________

1

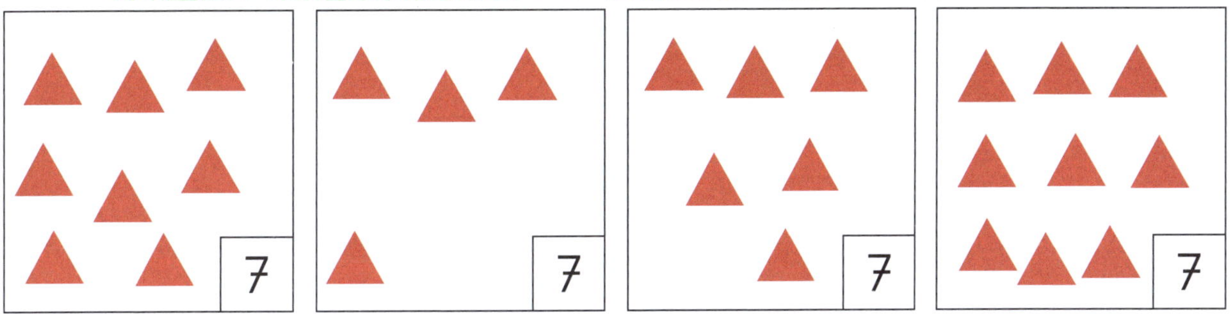

2

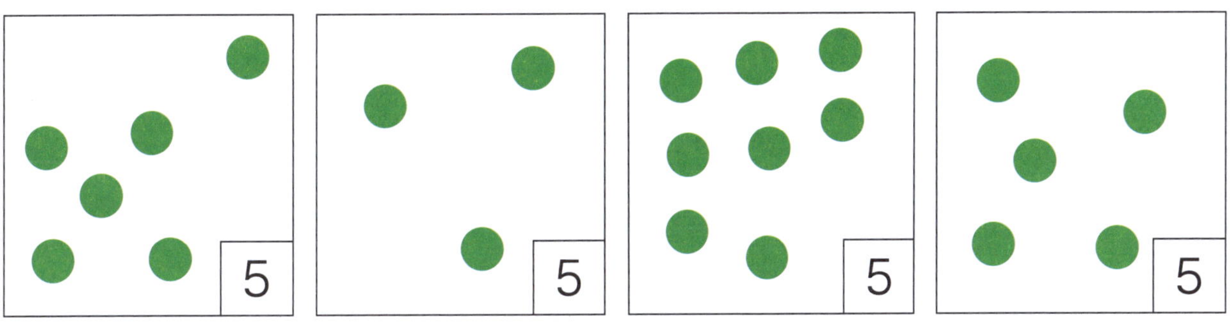

3

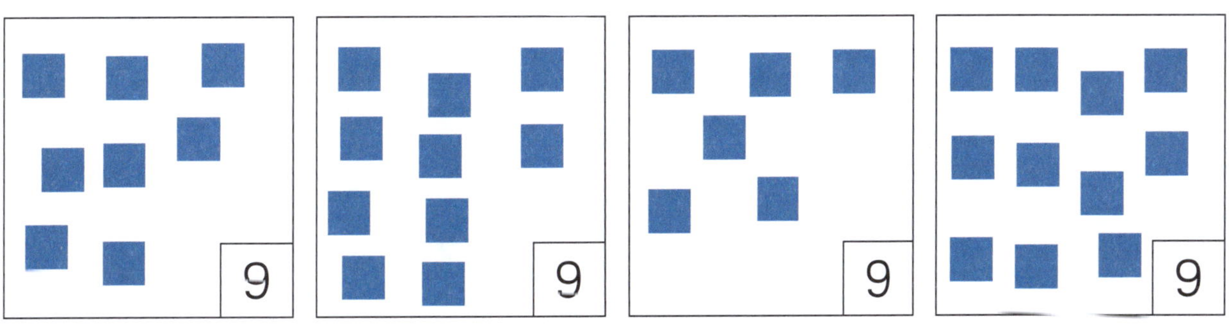

4

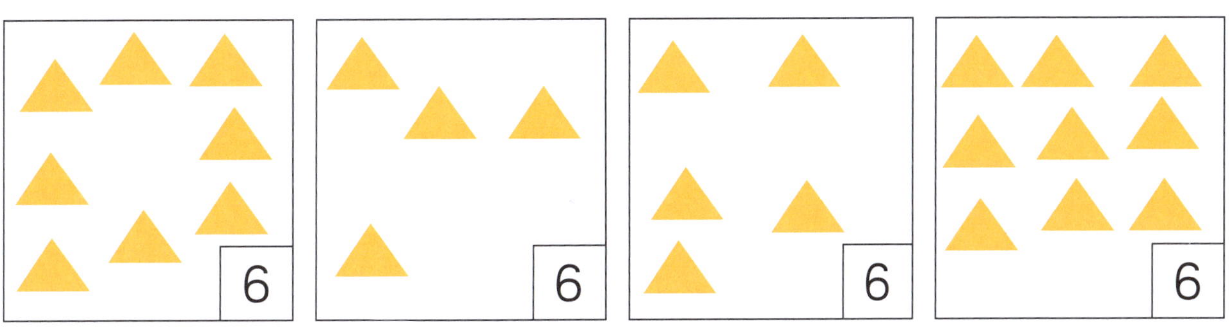

1–4 Dreiecke, Kreise, Quadrate passend wegstreichen und ergänzen.

S. 13 - 14

Datum: ____________

1

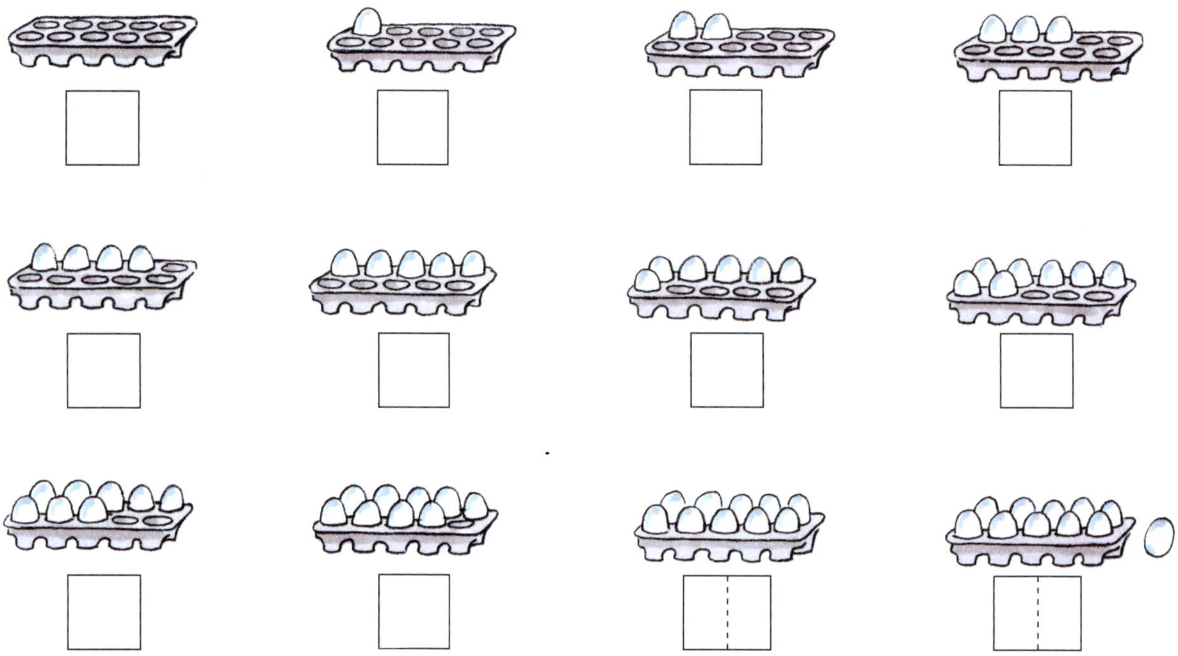

2

3

1, 2 Zahlenreihe vorwärts und rückwärts schreiben.
3 Küken und Eier zählen.

Datum: ____________

1

2

3

4

5

6

1 Tücher gelb und grün anmalen. **2, 3** Fehlende Zahlen eintragen.
4, 5 Fehlende Zahlen eintragen. Tücher passend anmalen.
6 Vom Start zum Ziel. Karten beschriften und verbinden.

S. 15 - 16

Springen an der Zahlenreihe

Datum: ______________

1

0, 2, 4, ______________ 1, 3, ______________

0, 3, 6, ______________ 1, 4, ______________

2

10, 8, 6, ______________ 9, 7, ______________

10, 7, 4, ______________ 9, 6, ______________

3

11, 8, ______________ 12, 9, ______________

4

0 2 4 | 8 7 6

12 10 8 | 6 4 2

1 3 5 | 7 9 11

11 10 9 | 6 8 10

1–3 In verschiedenen Schritten vorwärts und rückwärts zählen.
4 Passende Fortsetzung der Zahlenreihe finden, verbinden.

Zerlegen mit der Schüttelbox

Datum: ______________

1

8 | 8 | 8

2

9 | 10

Zerlegen mit der Schüttelbox

Datum: ______________

1

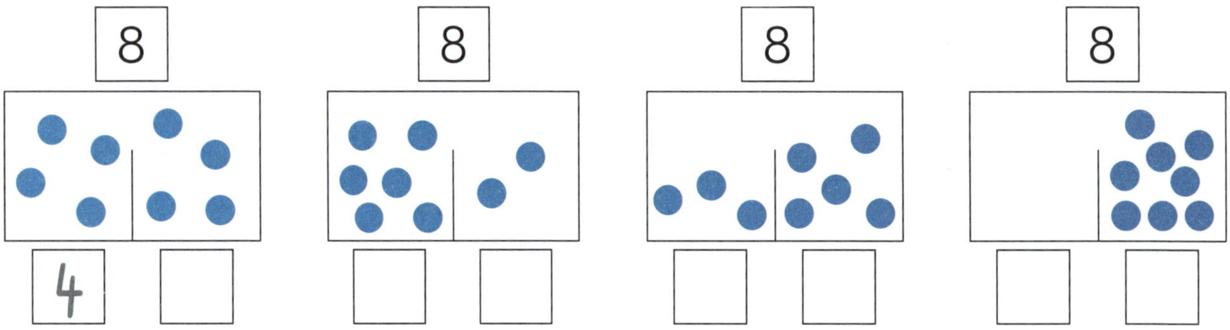

2

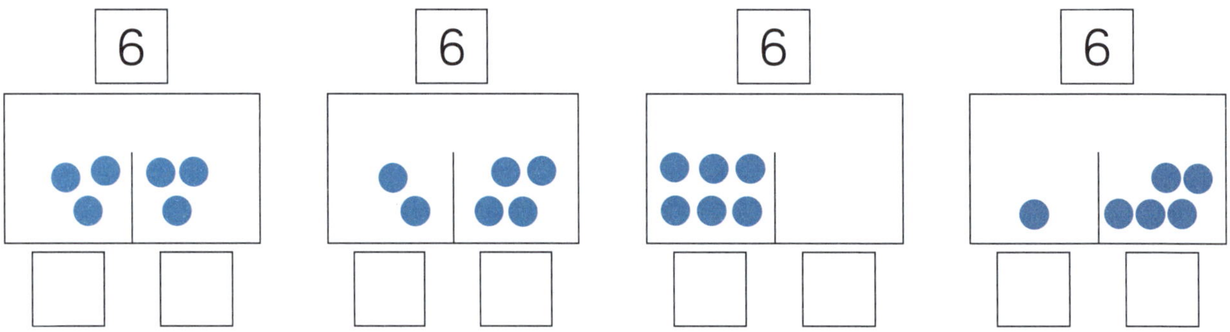

3

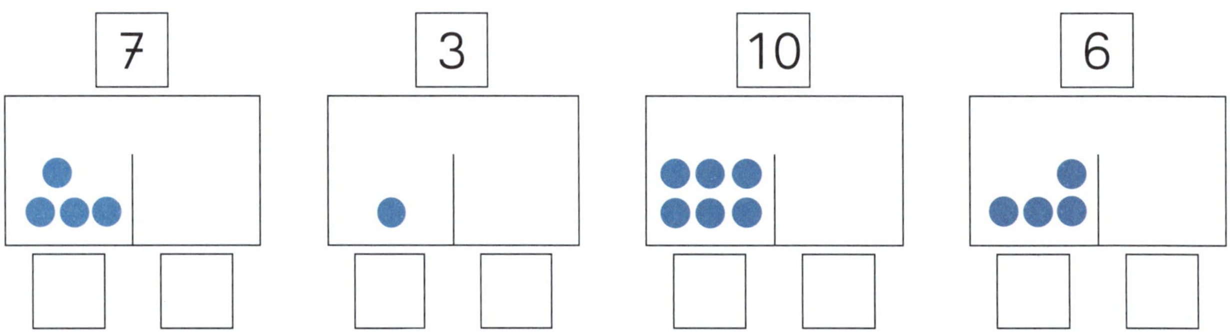

4

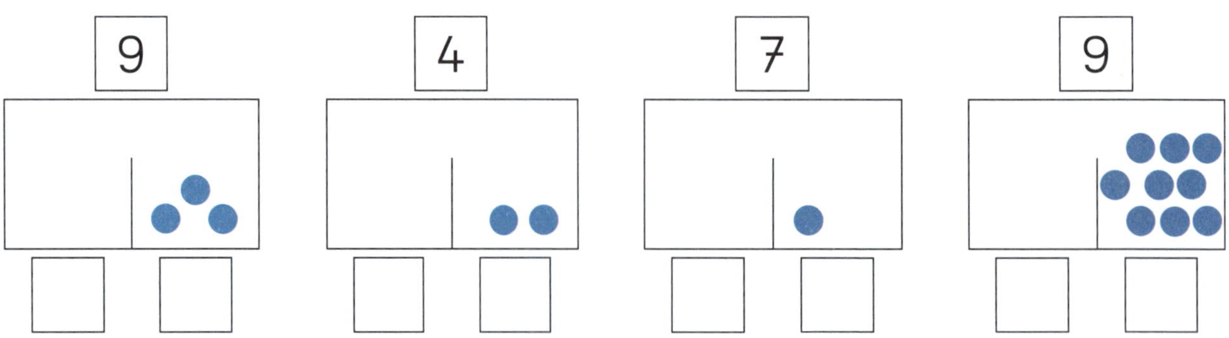

1–4 Zerlegungen schreiben; 3, 4 auch Plättchen malen.

Datum: ______________

1

4		9		4		8	
2	2	3	6	4	0	1	7

2

6		6		6		6	
5			5	0			2

3

10		10		10		10	
4			3	8			9

4

7		7		7		7	

7		7		7		7	

1–3 Plättchen malen. Fehlende Zahlen eintragen.
4 Alle Zerlegungen zur 7 malen und eintragen.

S. 17

Datum: ____________

1

6

☐ + ☐

6

☐ + ☐

6

☐ + ☐

2

8

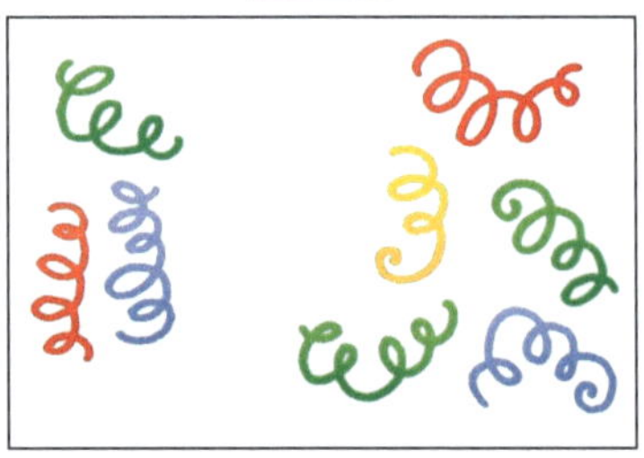

3 + ☐

5

☐ + ☐

4

☐ ☐ ☐

3

9

5 + ☐

5

☐ ☐ ☐

8

☐ ☐ ☐

Zerlegen am Rechenstreifen

Datum: ______________

1

8

_ + _

5

_ _ _

2

6

_ _ _

7

_ _ _

9

_ _ _

9

_ _ _

3

5

_ + _

10

_ _ _

10

_ _ _

9

_ _ _

6

_ _ _

4

_ _ _

3

_ _ _

7

_ _ _

2 Eigene Zerlegungen finden und malen. Zerlegungsaufgabe schreiben.
3 Eine Zerlegungsaufgabe schreiben.

S. 18

Datum: ______________

1

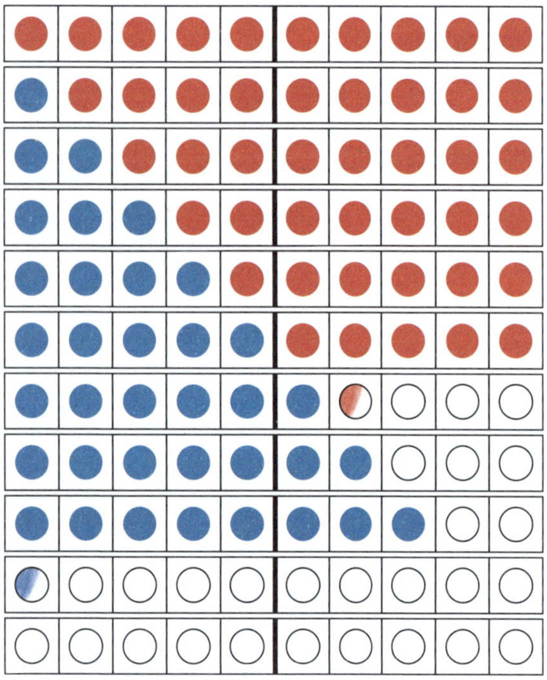

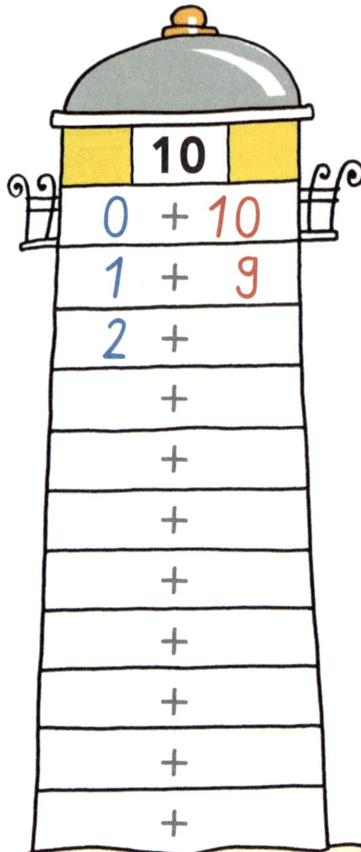

2

S. 19-20

1 Plättchen malen.
1, 2 Alle Zerlegungen finden.

Plättchen legen

Datum: ____________

1 Insgesamt **5**. In jedem Kreis **3**.

Insgesamt **10**. In jedem Kreis **6**.

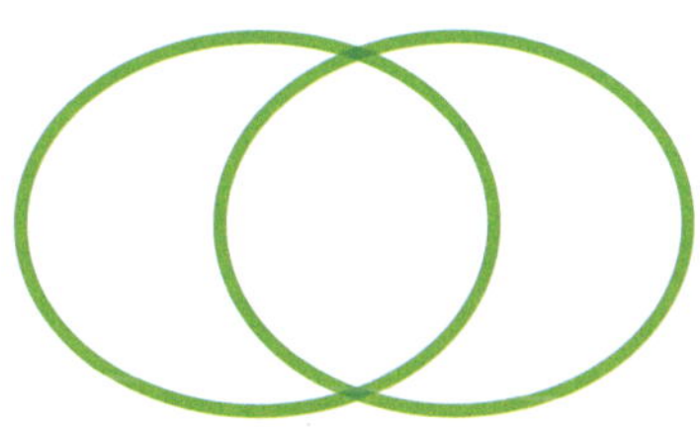

Insgesamt **6**. In jedem Kreis **4**.

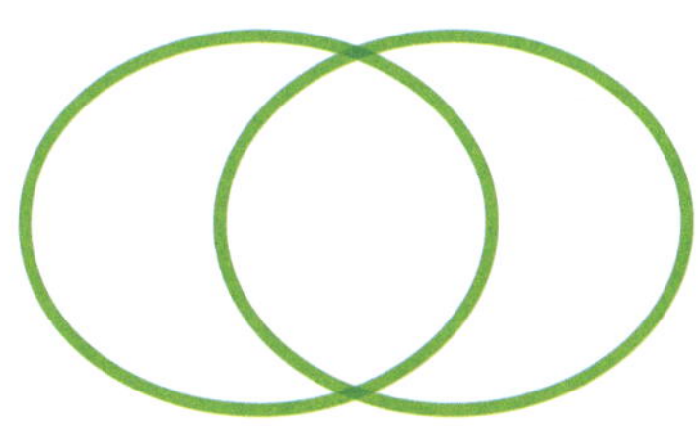

2 Insgesamt **8**. In jedem Kreis **4**.

Insgesamt **8**. In jedem Kreis **5**.

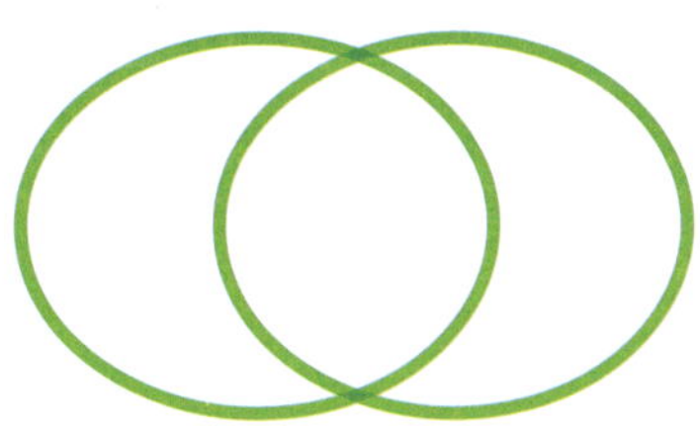

Insgesamt **8**. In jedem Kreis **6**.

1, 2 Mit Wendeplättchen legen, dann Plättchen malen.

Zusammenfassen

Datum: ______________

1

3 + 1

4

+

+

2

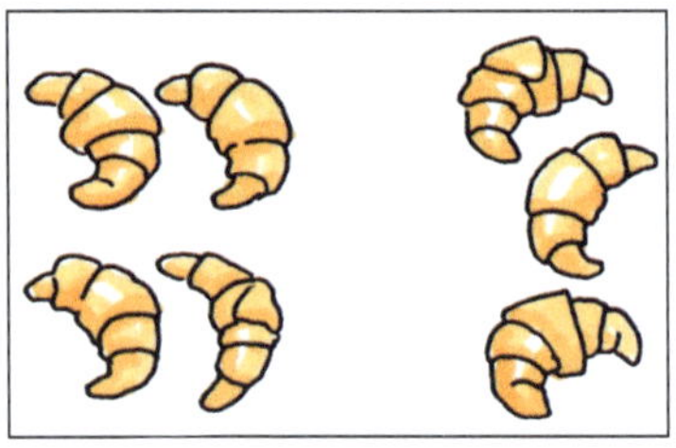

1, 2 Gesamtzahl bestimmen.

Zusammenfassen

Datum: ______________

1

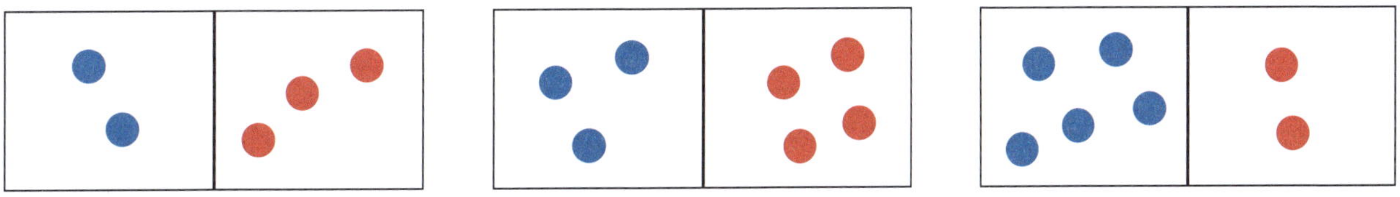

2	+	3

5

2

3

5	+	1

4	+	1

3	+	3

2	+	2

4

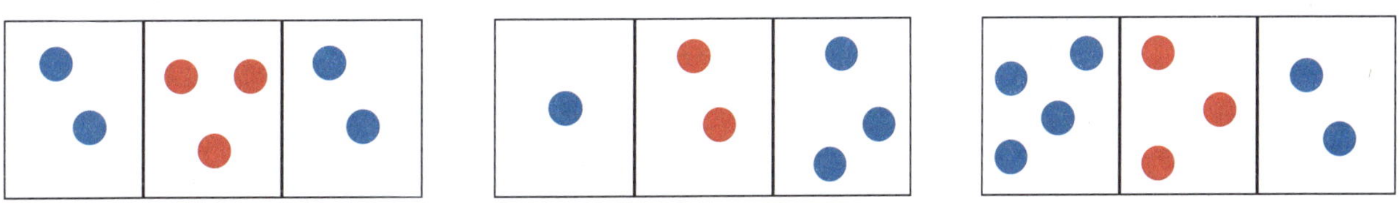

2	+		+	

5

1	+	3	+	1

2	+	3	+	3

4	+	1	+	2

1–5 Gesamtzahl bestimmen.

Datum: ______________

Über das Bild sprechen.
Additionsaufgaben finden und auf den eigenen Klassenraum übertragen.
Fotografie: Additionsaufgaben im Klassenraum/in der eigenen Umwelt fotografieren, präsentieren und lösen.

Datum: ______________

1

5 + 1 = ____

____ + ____ = ____

2

____ + ____ = ____

____ + ____ = ____

3

____ + ____ = ____

____ + ____ = ____

4

____ + ____ = ____

____ + ____ = ____

____ + ____ = ____

____ + ____ = ____

4 Im Bild weitere Additionsaufgaben finden. Das Partnerkind löst die Aufgaben.

Additionsgeschichten

Datum: ______________

1

4 + ____ = ____

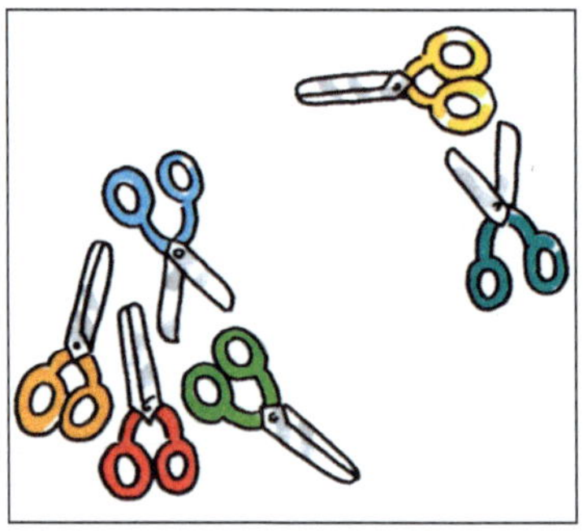

____ + ____ = ____

____ + ____ = ____

2

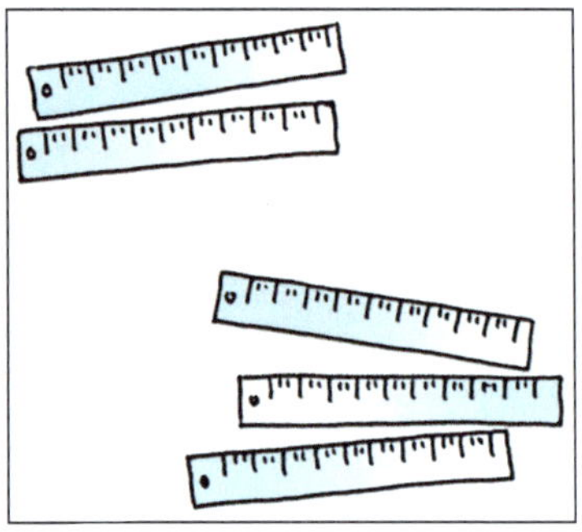

____ + ____ = ____

____ + ____ = ____

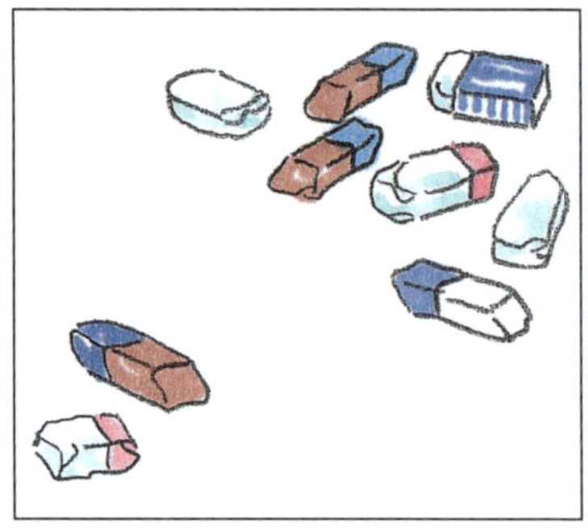

____ + ____ = ____

3

____

____

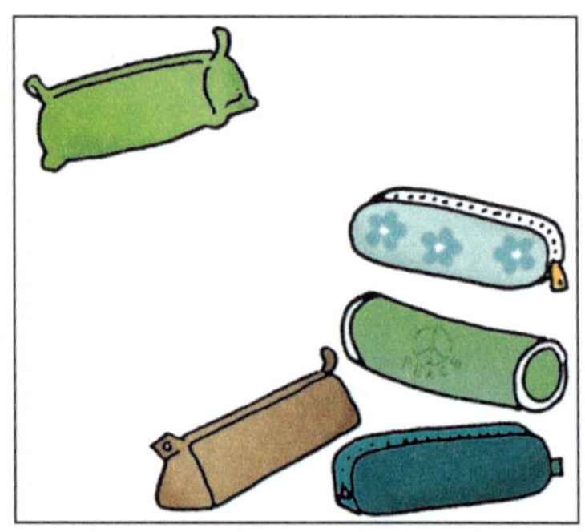

____

4

____ + ____ = ____

4 Eigenes Bild zeichnen. Das Partnerkind schreibt die passende Additionsaufgabe dazu und löst sie.

Datum: ____________

1

4 + ___ = ___

2

___ + ___ = ___

3

___ + ___ = ___

4

___ + ___ = ___

S. 21

Addieren mit den Rechenstreifen

Datum: ____________

1

5 + 1 = ____

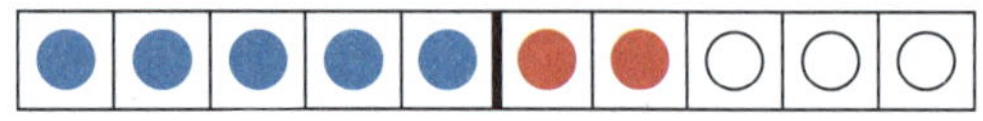

____ + ____ = ____

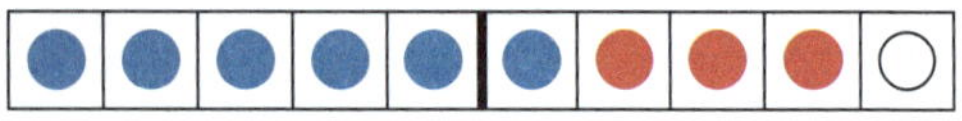

____ + ____ = ____

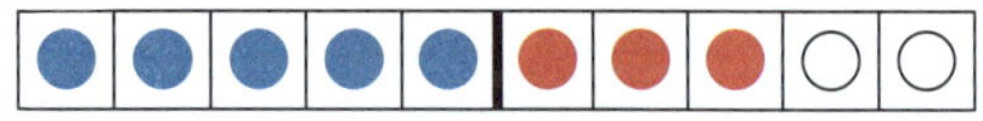

____ + ____ = ____

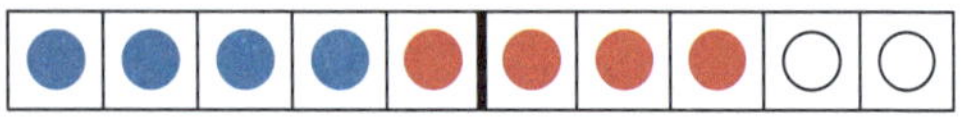

____ + ____ = ____

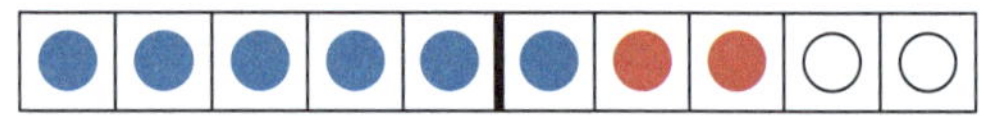

____ + ____ = ____

____ + ____ = ____

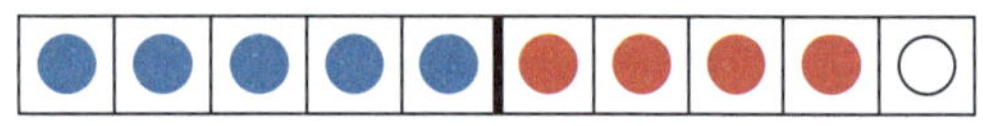

____ + ____ = ____

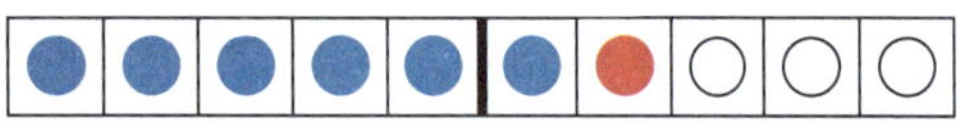

____ + ____ = ____

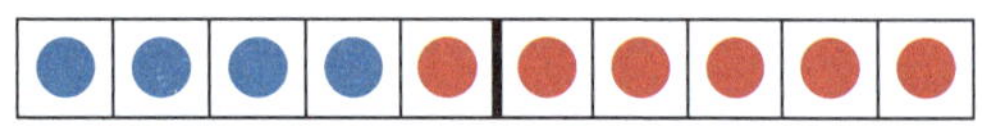

____ + ____ = ____

2

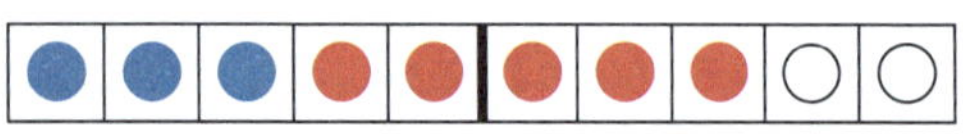

____

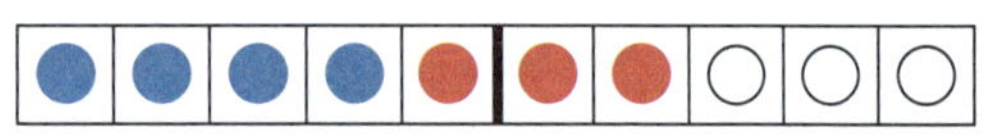

____

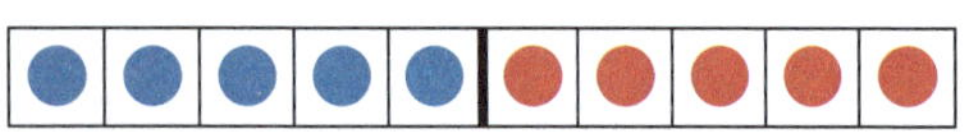

____

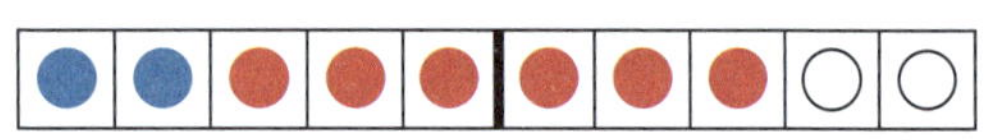

____

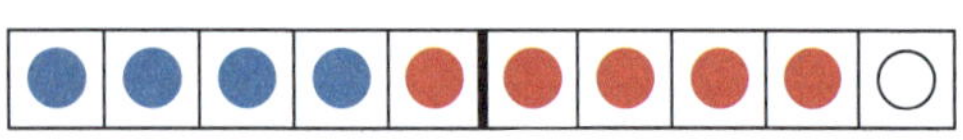

____

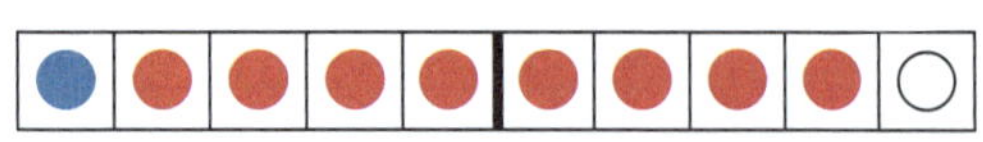

____

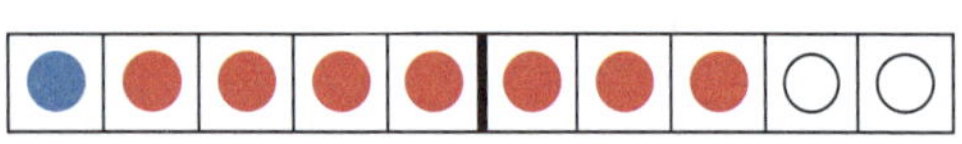

____

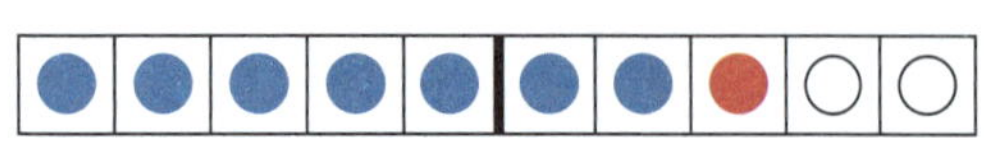

____

S. 22

Addieren mit den Rechenstreifen

Datum: ____________

1

$5 + 2 =$ ____

$1 + 5 =$ ____

$2 + 7 =$ ____

$2 + 2 =$ ____

$8 + 1 =$ ____

$5 + 4 =$ ____

$3 + 5 =$ ____

$7 + 3 =$ ____

2

3

Rechenstreifen und Wendeplättchen nutzen.
1 Plättchen in zwei Farben malen.
2, 3 Eigene Aufgaben malen und schreiben.

Aufgabe und Tauschaufgabe

Datum: ____________

1

4 + 3 = ___
3 + 4 = ___

___ + ___ = ___
___ + ___ = ___

___ + ___ = ___
___ + ___ = ___

___ + ___ = ___
___ + ___ = ___

2

____
____

____
____

6 + 1 = 7 **Aufgabe**
1 + 6 = 7 **Tauschaufgabe**

3

1 + 7 = ___ | 2 + 8 = ___ | 0 + 9 = ___ | 2 + 5 = ___

9 + 0 = ___ | 7 + 1 = ___ | 5 + 2 = ___ | 8 + 2 = ___

4

3 + 2 = ___ | 1 + 9 = ___ | 4 + 5 = ___ | 2 + 6 = ___
2 + ___ = ___ | ___ + ___ = ___ | ___ + ___ = ___ | ___ + ___ = ___

5

2 + 7 = ___
7 + ___ = ___

____
____

____
____

____
____

S. 23

3 Zusammengehörende Karten mit gleicher Farbe ausmalen.
5 Aufgabe und Tauschaufgabe schreiben.

Datum: ____________

1

3 + 1 = ___
3 + 2 = ___
3 + 3 = ___
3 + ___ = ___
___ + ___ = ___

5 + 1 = ___
5 + 2 = ___
5 + 3 = ___
5 + ___ = ___
___ + ___ = ___

6 + 0 = ___
6 + 1 = ___
6 + 2 = ___
6 + ___ = ___
___ + ___ = ___

2

2 + 2 = ___
2 + 4 = ___
2 + 6 = ___
___ + ___ = ___

3 + 1 = ___
3 + 3 = ___
3 + 5 = ___
___ + ___ = ___

1 + 0 = ___
1 + 3 = ___
1 + 6 = ___
___ + ___ = ___

3

2 + 3 = ___
3 + 3 = ___
4 + 3 = ___
5 + 3 = ___
___ + ___ = ___

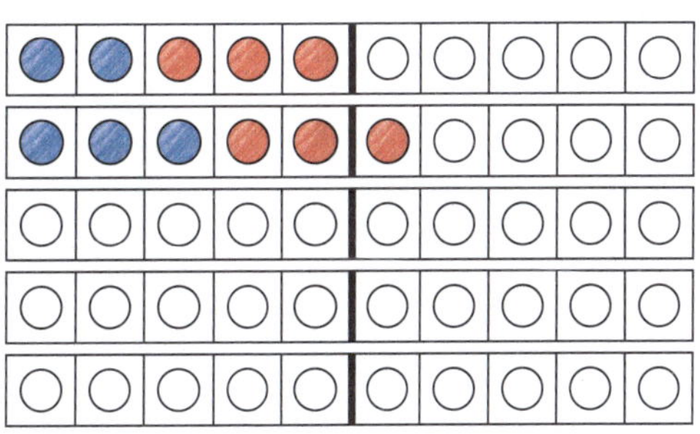

4

2 + 4 = ___
3 + 4 = ___
4 + 4 = ___
5 + ___ = ___

1 + 5 = ___
2 + 5 = ___
3 + 5 = ___
___ + ___ = ___

0 + 6 = ___
1 + 6 = ___
2 + 6 = ___
___ + ___ = ___

1–4 Gesetzmäßigkeiten erkennen, Aufgabenfolgen fortsetzen.

S. 24

Datum: ____________

1

5 + 3 = ___	6 + 0 = ___	2 + 3 = ___	3 + 6 = ___	6 + 3 = ___
1 + 4 = ___	0 + 7 = ___	6 + 2 = ___	1 + 5 = ___	2 + 5 = ___
8 + 1 = ___	3 + 4 = ___	8 + 0 = ___	3 + 5 = ___	7 + 2 = ___

2

2 + 5 = ___	5 + 0 = ___	1 + 3 = ___	7 + 3 = ___	2 + 6 = ___
2 + 8 = ___	5 + 5 = ___	1 + 7 = ___	4 + 3 = ___	0 + 6 = ___
2 + 1 = ___	5 + 4 = ___	1 + 9 = ___	3 + 3 = ___	4 + 6 = ___

3

4

___	___	___
___	___	___
___	___	___

4 Eigene Additionsaufgaben schreiben. Das Partnerkind löst die Aufgaben.

Addieren – Aufgabenmuster

Datum: ____________

1

10 = 1 + 9
10 = 2 + 8
10 = 3 + ___
10 = ___ + ___
10 = ___ + ___

10 = 6 + ___
10 = 7 + ___
10 = ___ + ___
10 = ___ + ___
10 = ___ + ___

2

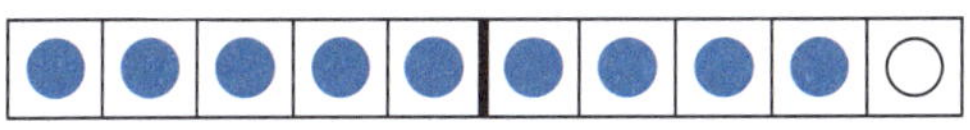

9 = 0 + 9
9 = 1 + 8
9 = 2 + ___
9 = ___ + ___

9 = ___ + ___
9 = ___ + ___
9 = ___ + ___
9 = ___ + ___

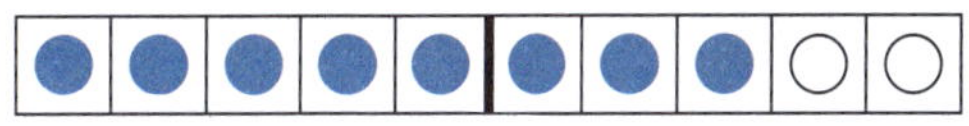

8 = 1 + 7
8 = 2 + 6
8 = 3 + ___
8 = ___ + ___

8 = ___ + ___
8 = ___ + ___
8 = ___ + ___
8 = ___ + ___

3

6 = 1 + 5
6 = 2 + ___
6 = 3 + ___
6 = ___ + ___

5 = 5 + ___
5 = 4 + ___
5 = ___ + ___
5 = ___ + ___

7 = 4 + ___
7 = 5 + ___
7 = ___ + ___
7 = ___ + ___

4

7 = 0 + 7
7 = 2 + 5
7 = 4 + 3
7 = ___ + ___

9 = 1 + 8
9 = 2 + ___
9 = 3 + ___
9 = ___ + ___

8 = 7 + ___
8 = 5 + ___
8 = ___ + ___
8 = ___ + ___

5

9 = 7 + 2
9 = 6 +
9 =
9 =
9 =

10 = 7 + 3
10 = 6 +
10 =
____
____

11 = 7 + 4
11 =
11 =
____
____

Datum: ______________

1

2

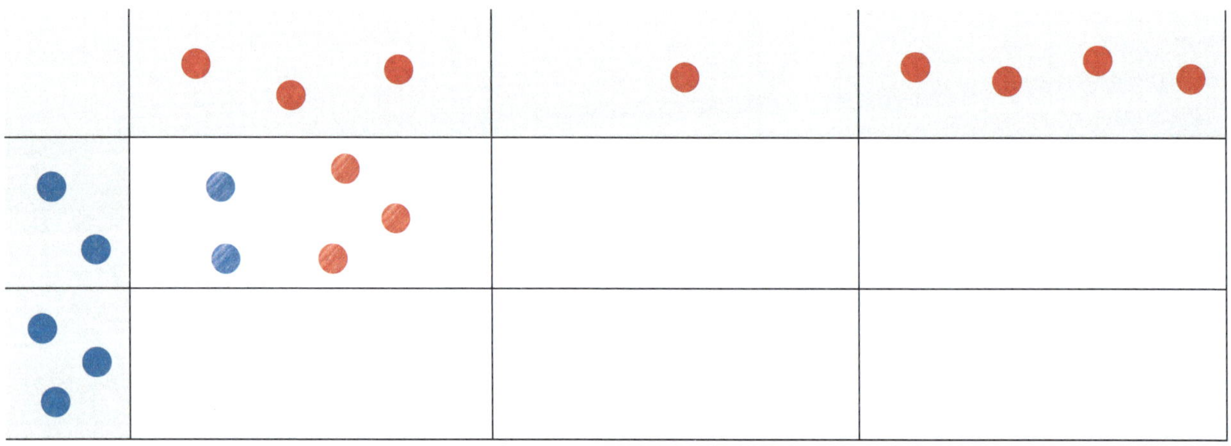

+	3	1	4
2	2 + 3 = 5		
3			

3

+	4	2
2	2 + 4 = 6	2 + 2 =
5		

+	6	5
3		
4		

2 Plättchendarstellung in der Tabelle darunter notieren.

Datum: ____________

1

+	0	1	2		4	5
0	0 + 0 = 0		0 + 2 = ___		0 + 4 = ___	
1	1 + 0 = ___	1 + 1 = ___	1 + 2 = ___	1 + 3 = ___	1 + 4 = ___	
2	2 + 0 = ___	2 + 1 = ___	2 + 2 = ___	2 + 3 = ___		
3	3 + 0 = ___		3 + 2 = ___			
4		4 + 1 = ___	4 + 2 = ___			
5	5 + 0 = ___	5 + 1 = ___				
6						

2

2 + 0 = ___	2 + 3 = ___	2 + 1 = ___	3 + 2 = ___
3 + 0 = ___	3 + 3 = ___	___________	___________
___________	___________	4 + 1 = ___	___________

3

3 + 0 = ___ ___________ 3 + 2 = ___ ___________

4

___________ 4 + 1 = ___ 4 + 2 = ___ ___________

5

___________ 3 + 4 = ___ 3 + 5 = ___ ___________ ___________

___________ 4 + 4 = ___ ___________ ___________ ___________

6

5 + 2 = ___ 5 + ___ = ___ ___________ ___________ ___________

___________ 6 + ___ = ___ ___________ ___________ ___________

7 + 2 = ___ ___ + ___ = ___ ___________ ___________ ___________

1–6 Fehlende Aufgaben eintragen.

Kleiner, größer oder gleich?

Datum: ____________

1

____ ◯ ____   ____ ◯ ____   ____ ◯ ____   ____ ◯ ____

2

____ ◯ ____   ____ ◯ ____   ____ ◯ ____

3

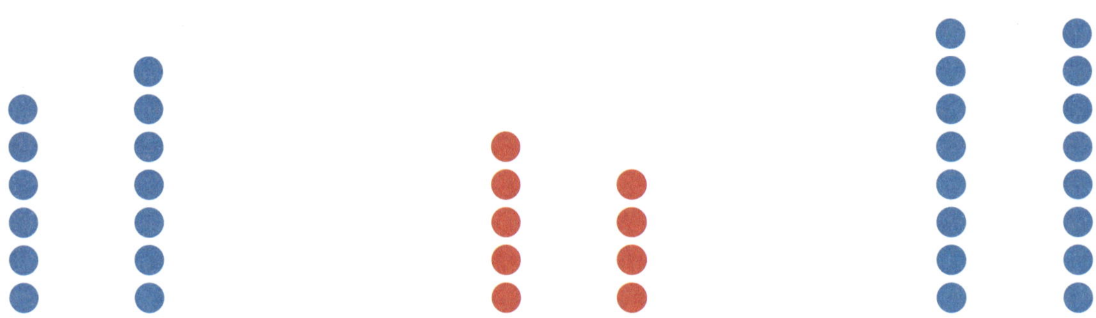

____ ◯ ____   ____ ◯ ____   ____ ◯ ____

Kleiner, größer oder gleich?

Datum: ____________

1 <, > oder = ?

3 (<) 5   7 ◯ 4   6 ◯ 6   10 ◯ 8   4 ◯ 6

2

5 ◯ 2   1 ◯ 6   5 ◯ 5   6 ◯ 7   8 ◯ 10

6 ◯ 0   7 ◯ 3   8 ◯ 7   4 ◯ 2   6 ◯ 9

8 ◯ 8   5 ◯ 9   4 ◯ 10   9 ◯ 3   0 ◯ 1

3

3 ◯ 6   10 ◯ 9   8 ◯ 4   7 ◯ 11   12 ◯ 9

6 ◯ 3   9 ◯ 10   4 ◯ 8   11 ◯ 7   9 ◯ 12

4

5 > 2   3 > ___   2 < ___   3 < ___   0 < ___

5 > ___   3 > ___   2 < ___   3 < ___   0 < ___

5 > ___   3 > ___   2 < ___   3 < ___   0 < ___

5

~~1~~ 7 8 10 ~~9~~ ~~3~~

1 < 3

9 < ___

___ < ___

0 6 3 5 10 11

___ < ___

___ < ___

___ < ___

10 7 8 9 11 5

___ < ___

___ < ___

___ < ___

S. 25-26

Wechsel ins Themenheft Sachrechnen und Größen, S. 4-7 möglich.

Datum: ____________

6 − 2 = 4
6 minus 2 gleich 4

Über das Bild sprechen.
Subtraktionsaufgaben im Bild finden.
Fotografie: Subtraktionsaufgaben in der eigenen Umwelt fotografieren, präsentieren und lösen.

Subtraktionsgeschichten

Datum: ____________

1

5 – 2 = ____

____ – ____ = ____

2

____ – ____ = ____

____ – ____ = ____

3

____ – ____ = ____

____ – ____ = ____

4

____ – ____ = ____

____ – ____ = ____

____ – ____ = ____

____ – ____ = ____

4 Im Bild weitere Subtraktionsaufgaben finden. Das Partnerkind löst die Aufgaben.

Subtraktionsgeschichten

Datum: ______________

1

6 – ___ = ___

2

___ – ___ = ___

3

___ – ___ = ___

1–3 Den Bildern eine Subtraktionsaufgabe zuordnen.

Subtraktionsgeschichten

Datum: ____________

1

_____ − _____ = _____

2

_____ − _____ = _____

3

_____ − _____ = _____

4

_____ − _____ = _____

4 Aus drei Bildern wird ein Bild zur Subtraktion.

Subtraktionsgeschichten

Datum: ____________

1

4 – 1 = 3

___ – ___ = ___

___ – ___ = ___

2

___ – ___ = ___

___ – ___ = ___

___ – ___ = ___

3

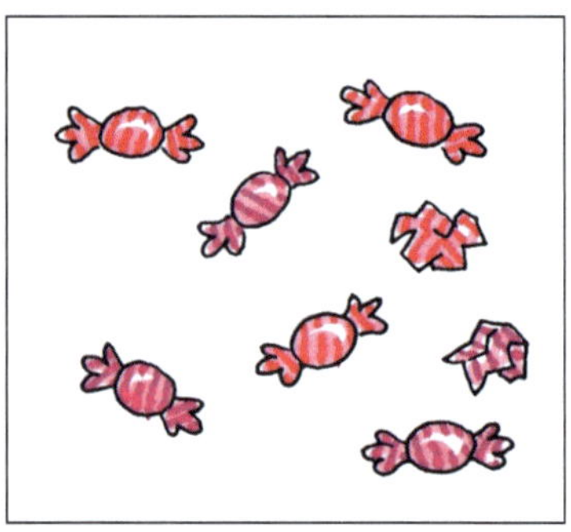

____

____

____

4

___ – ___ = ___

4 Eigenes Bild zeichnen. Das Partnerkind schreibt die passende Subtraktionsaufgabe dazu und löst sie.

S. 27-28

Subtrahieren mit den Rechenstreifen

Datum: ____________

1

4 – 1 = ____

____ – ____ = ____

____ – ____ = ____

____ – ____ = ____

____ – ____ = ____

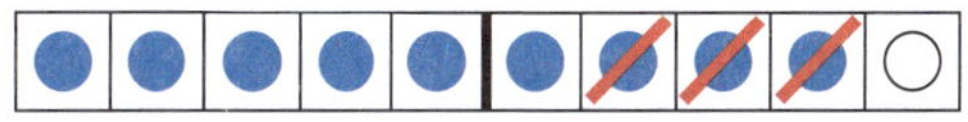

____ – ____ = ____

____ – ____ = ____

____ – ____ = ____

2

____

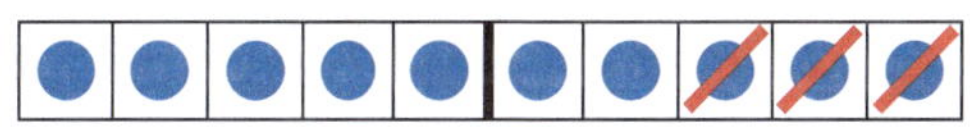

____

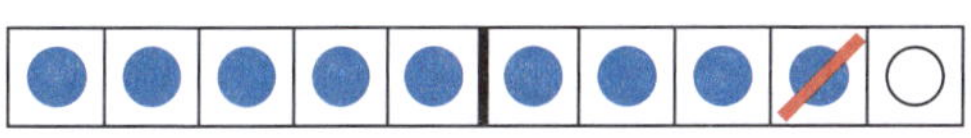

____

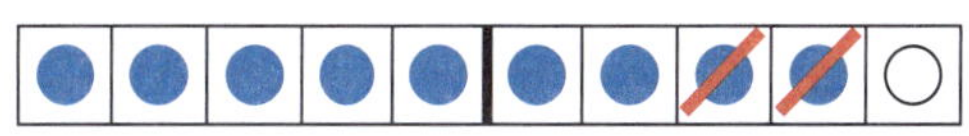

____

____

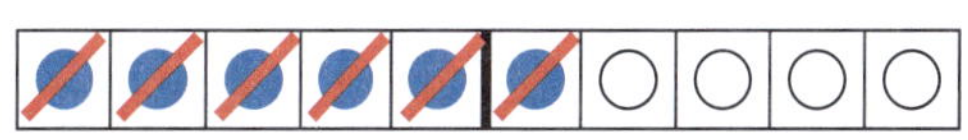

____

____

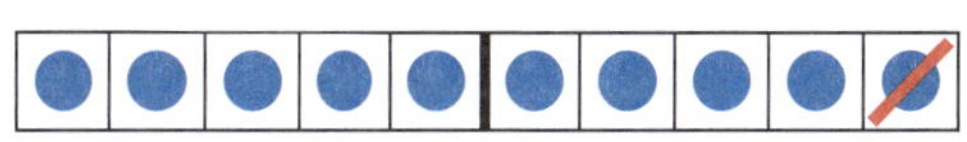

____

Subtrahieren mit den Rechenstreifen

Datum: ____________

1

6 − 2 = ____

5 − 1 = ____

4 − 3 = ____

9 − 4 = ____

8 − 5 = ____

6 − 3 = ____

10 − 5 = ____

9 − 7 = ____

9 − 9 = ____

7 − 4 = ____

2

____

____

3

____

____

____

____

R7

S. 29

Rechenstreifen und Wendeplättchen nutzen.
1 Ausgangszahl malen, dann entsprechend durchstreichen.
2, 3 Eigene Aufgaben malen und schreiben.

Subtrahieren – Aufgabenmuster

Datum: ______

1

6 – 1 = ___
6 – 2 = ___
6 – 3 = ___
6 – ___ = ___
___ – ___ = ___

10 – 3 = ___
10 – 4 = ___
10 – 5 = ___
10 – ___ = ___
___ – ___ = ___

5 – 5 = ___
5 – 4 = ___
5 – 3 = ___
5 – ___ = ___
___ – ___ = ___

2

8 – 0 = ___
8 – 2 = ___
8 – 4 = ___
___ – ___ = ___

7 – 1 = ___
7 – 3 = ___
7 – 5 = ___
___ – ___ = ___

10 – 1 = ___
10 – 4 = ___
10 – 7 = ___
___ – ___ = ___

3

5 – 4 = ___
6 – 4 = ___
7 – 4 = ___
8 – 4 = ___
___ – ___ = ___

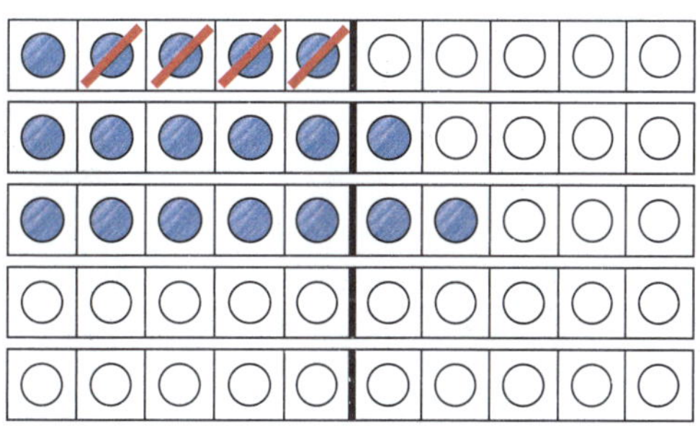

4

6 – 5 = ___
7 – 5 = ___
8 – 5 = ___
9 – ___ = ___

7 – 3 = ___
6 – 3 = ___
5 – 3 = ___
___ – ___ = ___

10 – 6 = ___
9 – 6 = ___
8 – 6 = ___
___ – ___ = ___

S. 30

1–4 Gesetzmäßigkeiten erkennen, Aufgabenfolgen fortsetzen.

Subtrahieren – Übungen

Datum: ____________

1

8 − 2 = ___	9 − 4 = ___	7 − 0 = ___	10 − 1 = ___	5 − 0 = ___
3 − 1 = ___	4 − 3 = ___	0 − 0 = ___	10 − 5 = ___	8 − 4 = ___
5 − 4 = ___	8 − 5 = ___	6 − 6 = ___	10 − 4 = ___	6 − 5 = ___

2

5 − 3 = ___	8 − 6 = ___	9 − 8 = ___	7 − 7 = ___	10 − 6 = ___
5 − 1 = ___	8 − 3 = ___	9 − 6 = ___	10 − 7 = ___	7 − 6 = ___
5 − 5 = ___	8 − 7 = ___	9 − 5 = ___	9 − 7 = ___	9 − 6 = ___

3

4

____________	____________	____________
____________	____________	____________
____________	____________	____________

S. 31

4 Eigene Subtraktionsaufgaben schreiben. Das Partnerkind löst die Aufgaben.

Subtrahieren – Aufgabenmuster

Datum: ____________

1

1 – 0 = ___
2 – 1 = ___
3 – 2 = ___

4 – 3 = ___
5 – 4 = ___
6 – ___ = ___

7 – 6 = ___
8 – ___ = ___
9 – ___ = ___

2

10 – 5 = ___
9 – 4 = ___
8 – 3 = ___
7 – ___ = ___
___ – ___ = ___

10 – 8 = ___
9 – 7 = ___
8 – 6 = ___
___ – ___ = ___
___ – ___ = ___

10 – 4 = ___
9 – 3 = ___
___ – ___ = ___
___ – ___ = ___
___ – ___ = ___

3

3 – 1 = ___
4 – 2 = ___
5 – ___ = ___
___ – ___ = ___
___ – ___ = ___

4 – 2 = ___
5 – 3 = ___
6 – ___ = ___
___ – ___ = ___
___ – ___ = ___

9 – 8 = ___
8 – 7 = ___
7 – ___ = ___
___ – ___ = ___
___ – ___ = ___

4

8 – 6 = 2
7 – 5 = 2
6 –

5 – 2 =
6 – 3

11 – 4 =
10 – 3

Das Ergebnis …

5

10 – 10 = ___
9 – 9 = ___

8 – 8 = ___
7 – 7 = ___

6 – ___ = ___
____

____
____

Ordnungszahlen

Datum: ____________

1

1.	2.	3.							

2

1.	2.								

Färbe das Eis: 3., 7., 8. – 1., 5., 6., 9. – 2., 4., 10.

3

Welche Fahrräder sind blau, welche rot, welche gelb?

blau: 1., ____________ rot: 3., ____________ gelb: ____________

4

1 Austausch über Position der Kinder in der Warteschlange und die gewünschte Eissorte.
Videoaufnahme: Filme zu Situationen mit Ordnungscharakter aufnehmen und präsentieren.

Addieren oder subtrahieren?

Datum: ____________

1

2

3

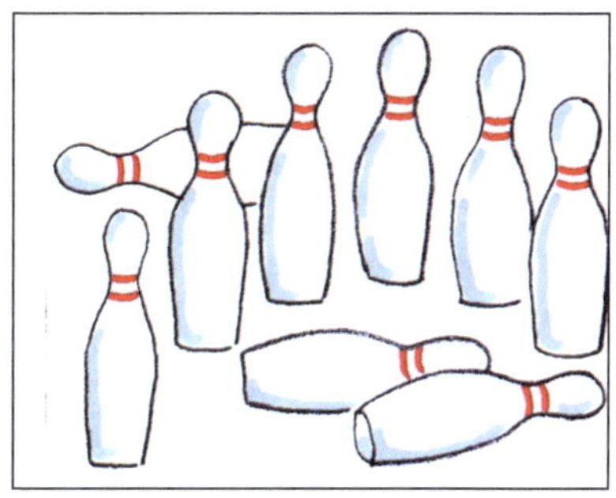

4

1–3 Rechengeschichten erzählen. Die Bilder können sowohl als Additionsaufgabe als auch als Subtraktionsaufgabe gedeutet werden.
4 Notieren beider Aufgaben.

Datum: ____________

1

3 + ____________   ____________

2

6 + 4 = 10   2 + 2 = __   5 + 2 = __   4 + 3 = __

10 − 4 = __   __ − __ = __   __ − __ = __   __ − __ = __

3

2 + 4 = 6   7 + 2 = __   8 + 1 = __   2 + 3 = __

6 ________   ________   ________   ________

4

____________   ____________

5

9 − 1 = 8   8 − 6 = __   4 − 3 = __   5 − 2 = __

8 + 1 = __   __ + __ = __   __ + __ = __   __ + __ = __

6

8 − 1 = 7   8 − 5 = __   10 − 7 = __   6 − 4 = __

7 ________   ________   ________   ________

7

________   ________   ________   ________

________   ________   ________   ________

7 Eigene Aufgaben und Umkehraufgaben schreiben.

Datum: ____________

1

+ 5: 3 → ___ ; − 5

3 + 5 = ___
___ − 5 = 3

+ 7: 1 → ___ ; ___

1 + 7 = ___
___ − 7 = 1

+ 2: 4 → ___ ; ___

4 + 2 = ___
___ − 2 = ___

+ 1: 9 → ___ ; ___

9 + 1 = ___
___ − 1 = ___

2

− 5: 9 → ___ ; ___

9 − 5 = ___
___ + 5 = 9

− 6: 7 → ___ ; ___

7 − 6 = ___
___ + 6 = 7

− 5: 10 → ___ ; ___

10 − 5 = ___
___ + 5 = ___

− 2: 8 → ___ ; ___

8 − 2 = ___
___ + 2 = ___

3	4	5	6	7	8

4	5	6	7	8	9

3 + 5 = 8	**Aufgabe**	9 − 5 = 4
8 − 5 = 3	**Umkehraufgabe**	4 + 5 = 9

3

+ 6: ___ → 10 ; ___

___ + 6 = 10
10 − ___ = ___

+ 5: ___ → 7 ; ___

___ + 5 = 7
7 − ___ = ___

− 3: ___ → 1 ; ___

___ − 3 = 1
1 + ___ = ___

− 4: ___ → 0 ; ___

___ − 4 = 0
0 + ___ = ___

3 Mit der Umkehraufgabe lösen.

S. 32

Datum: ____________

1

6 8 2

2 + 6 = 8

6 +

10 6 4

3 8 5

2

6 4 2

7 1 8

3 1 2

3

1–3 Mit den drei Zahlen immer zwei Additionsaufgaben und zwei Subtraktionsaufgaben schreiben.

Datum: ____________

1

2

3

4

4 Eigene Aufgabenfamilien finden.

S. 33

1

8 + 2 = ___	1 + 1 = ___	8 − 2 = ___	5 + 2 = ___
9 − 6 = ___	7 + 3 = ___	4 + 3 = ___	2 + 4 = ___
10 − 1 = ___	10 − 9 = ___	7 − 6 = ___	7 − 1 = ___

2

8 − 6 = ___	9 − 4 = ___	10 − 3 = ___	2 + 2 = ___
2 + 1 = ___	3 + 3 = ___	4 + 6 = ___	5 + 4 = ___
5 + 5 = ___	10 − 5 = ___	7 − 5 = ___	3 − 0 = ___

3 0, 1 · 2, 3 · 4, 5 · 6, 7 · 8, 9 · 10

Knobeln – Sudokus

Datum: ____________

1

4	2		3
3			1
	1	3	

1	3		
			3
	1		2
4		3	

1		3	
	4		2
2		4	
	3		1

2

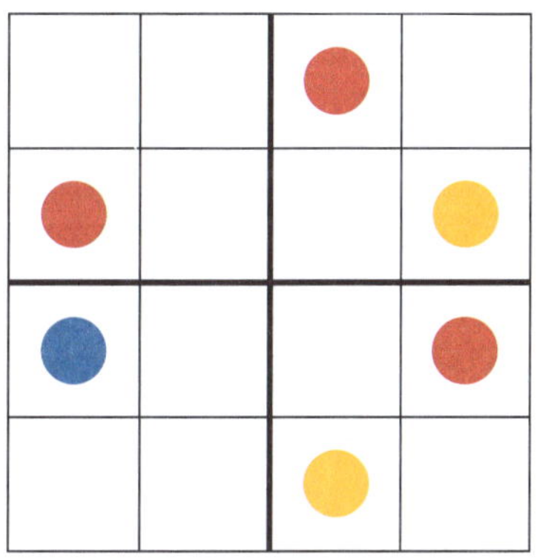

3

△		○	
	✳		□
□		✳	
			△

	□	✳	
□		△	
△			○

	△	□	
✳			□
	□		○

1–3 Jede Zahl, jede Farbe, jedes Zeichen soll in jeder Zeile, in jeder Spalte, in jedem Quadrat genau einmal vorkommen.

Entdecken und knobeln

1

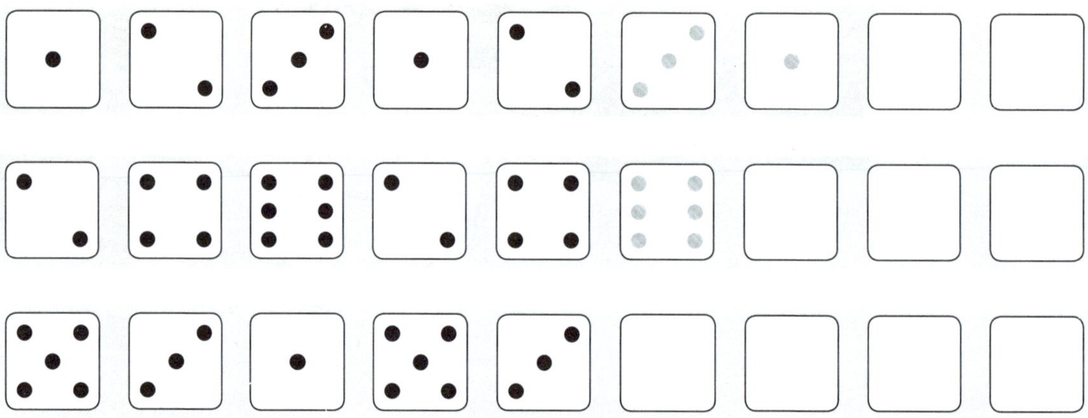

2

0	1	2	7	3	4	5	6	2	7	8	10	9
12	11	10	6	9	8	7	6	3	5	4	3	1
4	5	6	8	7	8	9	5	10	11	14	12	13

3

1 Muster fortsetzen. Die Aufgabe eignet sich im Anschluss an Seite 15.
2 Falsche Zahlen streichen. Die Aufgabe eignet sich im Anschluss an Seite 33.
3 Die Aufgabe eignet sich im Anschluss an Seite 40.

4

8 | 1 | 9 | ~~2~~ | 9 | 2

7 | ~~4~~ | 3 | 10 | 5 | ~~6~~

□ + □ = □

2 + 4 = 6

___ + ___ = ___

___ + ___ = ___

___ + ___ = ___

5

○ + △ = 3

△ + △ = ○

♡ – 3 = △

○ + ○ = ♡

□ = 3

△ = ___

○ = ___

♡ = ___

6 Zeichne das 2. und das 3. Bild.

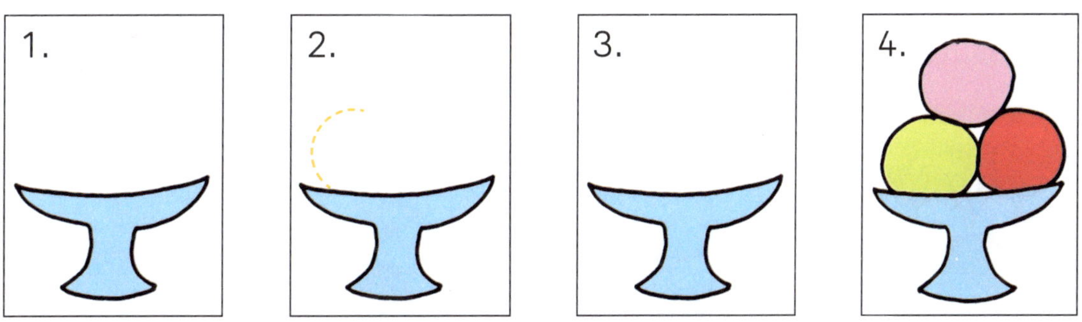

4 Jede Zahlenkarte nur einmal nutzen. Die Aufgabe eignet sich im Anschluss an Seite 52.
5 Gleiches Zeichen – gleiche Zahl. Die Aufgabe eignet sich im Anschluss an Seite 66.
6 Die Aufgabe eignet sich im Anschluss an Seite 68.

Fachwörter und Redemittel

Zahlen zerlegen und vergleichen

+ plus

3

2 + 1

2 plus 1

< kleiner

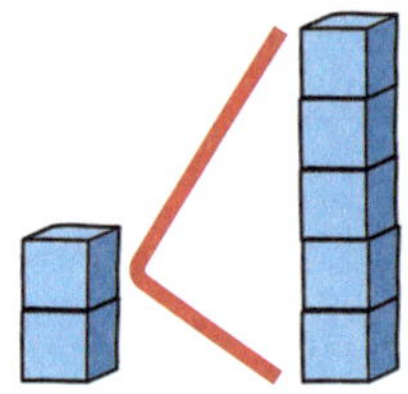

2 < 5

2 ist kleiner als 5

> größer

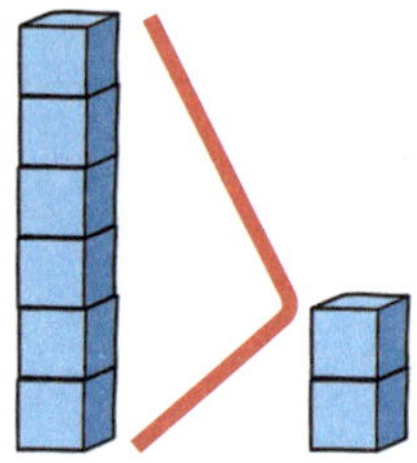

6 > 2

6 ist größer als 2

= gleich

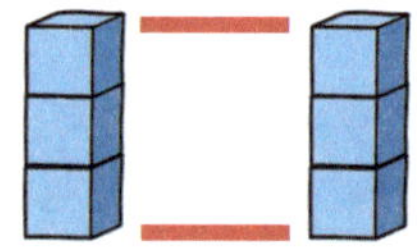

3 = 3

3 ist gleich 3

Plusaufgaben

4 + 5 = 9

4 plus 5 gleich 9

5 + 4 = 9

Minusaufgaben

– minus

5 – 2 = 3

5 minus 2 gleich 3

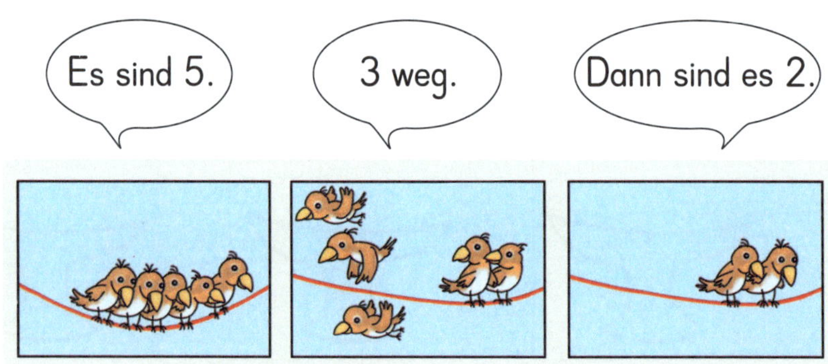

5 – 3 = 2

Aufgabenmuster

Erste Zahl immer gleich, …

zweite Zahl immer eins größer, …

das Ergebnis immer eins größer.

5	+	1	=	6
5	+	2	=	7
5	+	3	=	8

Erste Zahl immer eins kleiner, …

zweite Zahl immer gleich, …

das Ergebnis immer eins kleiner.

8	−	4	=	4
7	−	4	=	3
6	−	4	=	2

Aufgabe und Tauschaufgabe, Aufgabe und Umkehraufgabe

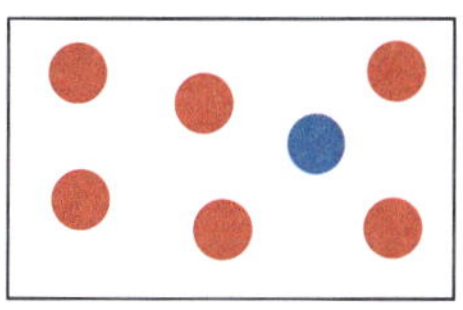

6 + 1 = 7 **Aufgabe**

1 + 6 = 7 **Tauschaufgabe**

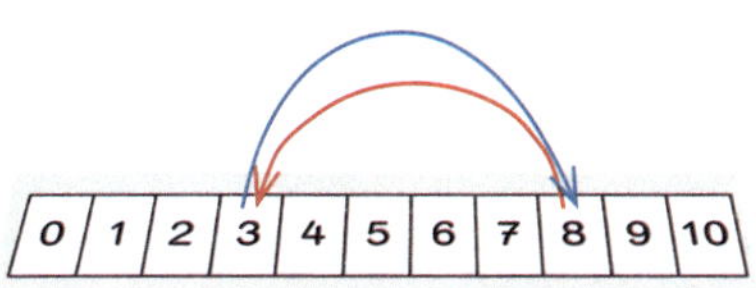

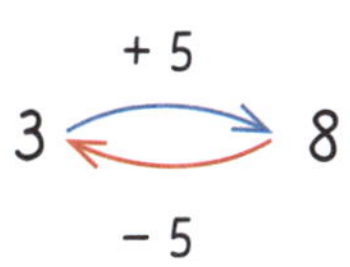

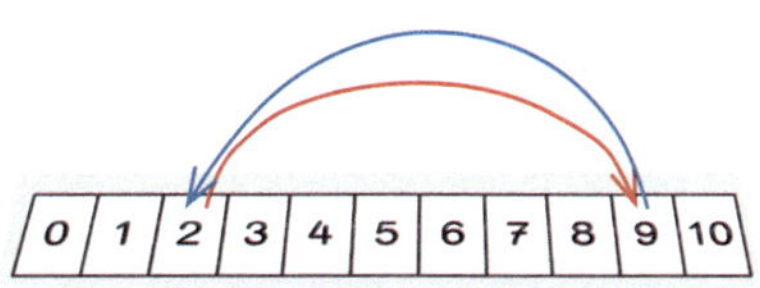

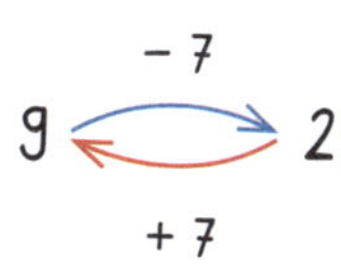

3 + 5 = 8	**Aufgabe**	9 − 7 = 2
8 − 5 = 3	**Umkehraufgabe**	2 + 7 = 9

Aufgabenfamilie

3 + 5 = 8

5 + 3 = 8

8 − 5 = 3

8 − 3 = 5

MATERIALIEN FÜR SCHÜLERINNEN UND SCHÜLER

Rechnen bis 10 .... 978-3-14-**118051**-0
Rechnen bis 20 .... 978-3-14-**118052**-7
Geometrie 1 .... 978-3-14-**118053**-4
Sachrechnen und Größen 1 .... 978-3-14-**118054**-1

Lernpaket 1
4 Themenhefte + Beilagen 978-3-14-**118055**-8
Bibox für Schüler/-innen WEB-14-**118081**

ZUSATZMATERIALIEN
Trainingsheft 1 .... 978-3-14-**118068**-8
Trainingsheft Interaktiv 1 .... WEB-14-**118095**

Themenhefte inklusiv A
Zahlen bis 10 (A) 978-3-14-**118407**-5
Rechnen bis 10 (A) 978-3-14-**118408**-2
Geometrie (A) 978-3-14-**118409**-9
Sachrechnen und Größen (A) 978-3-14-**118410**-5

Lernpaket inklusiv A
4 Themenhefte + Beilagen 978-3-14-**118406**-8

MATERIALIEN FÜR LEHRERINNEN UND LEHRER

Handreichung 1 .... 978-3-14-**118057**-2
BiBox für Lehrer/-innen 1, *Einzellizenz* WEB-14-**118082**
Kollegiumslizenz WEB-14-**118084**

Kopiervorlagen 1 .... 978-3-14-**118059**-6
Förder-Kopiervorlagen 1 .... 978-3-14-**118061**-9
Forder-Kopiervorlagen 1 .... 978-3-14-**118063**-3
Lernwege-Karten 1 .... 978-3-14-**118066**-4
Diagnoseheft 1 .... 978-3-14-**118056**-5
Entdeckerkartei 1 .... 978-3-14-**118067**-1